"十四五"普通高等教育本科部委级规划教材

服装结构设计指南：
女西装

牟　琳◎著

中国纺织出版社有限公司

内 容 提 要

本书基于作者在服装结构专业方面多年的教学与研究成果编著而成。其内容包括依据典型时尚女西装款式解读女性人体特征与服装的关系，讲述女西装结构要素、女西装的基础型制作以及评价方法，并详细介绍了典型女西装结构设计与实现的方法，帮助读者灵活应用所学知识实现时尚女西装结构设计以及女西装缝制工艺等。

本书是学习女西装结构与设计的必读参考书。全书从学习和应用的角度设计各个章节内容，并采用创新的结构设计方法，即"结构设计三步走"——尺寸、结构、纸样进行讲解。本书适合广大服装爱好者，尤其是喜爱精品服装的人群，希望他们通过学习能够自行设计女西装款式，并获得女西装结构设计的综合能力。

图书在版编目（CIP）数据

服装结构设计指南：女西装 / 牟琳著. -- 北京：中国纺织出版社有限公司，2024. 10. --（"十四五"普通高等教育本科部委级规划教材）. -- ISBN 978-7-5229-2164-8

Ⅰ. TS941. 2

中国国家版本馆 CIP 数据核字第 2024VR8314 号

责任编辑：李春奕　张艺伟　责任校对：寇晨晨
责任印制：王艳丽

中国纺织出版社有限公司出版发行
地址：北京市朝阳区百子湾东里 A407 号楼　邮政编码：100124
销售电话：010—67004422　传真：010—87155801
http://www.c-textilep.com
中国纺织出版社天猫旗舰店
官方微博 http://weibo.com/2119887771
三河市宏盛印务有限公司印刷　各地新华书店经销
2024 年 10 月第 1 版第 1 次印刷
开本：787×1092　1/16　印张：9.75
字数：150 千字　定价：59.80 元

推荐序 -- ✄

这是一本难得的专门介绍女西装结构设计与实现的工具书，它不仅解决了服装结构合体性问题，而且翔实地解读了应用女西装基础型实现结构设计的方法，以及由女西装结构设计实现为实物的过程，具有很强的指导性和实用性。

近年来，社会发展日新月异，人们对于服装的需求进一步向多元化、个性化发展。在这一趋势推动下，服装结构设计既要讲求创新、与时俱进，又要符合不同服装品类合体性的功能需求。服装结构的合体性问题一直是结构设计的痛点，解决这一问题的关键在于掌握制作服装基础型，评价其合体性，进而应用服装基础型，实现结构设计的方法。

本书是牟琳老师从事服装领域教学与研究工作的结晶。全书基于女西装这一精品服装品类，通过研究若干个案，严谨且翔实地介绍女西装基础型制作与评价方法，以及应用女西装基础型实现结构设计的方法。不仅解决了女西装结构的合体性问题，而且能够触类旁通，实现变化多样的女西装结构设计。值得说明的是，本书采用创新的结构设计实现方法，即结构设计三步走——尺寸、结构和纸样，为读者学习和理解女西装结构设计提供了清晰的思路。

书中以新颖的形式，对女西装结构进行剖析和总结。例如，以问句的形式命名各章节，引导读者有的放矢学习知识点；同时又针对女西装的不同结构部位，详细介绍结构制图的技法和规范，以图文并茂的形式逐一讲解，内容详尽，一目了然。并且，书中将女西装各个部位分成不同章节进行讲解，结合虚拟人体，或坯布样衣试穿等立体形式，评价基于差异化人体尺寸制作的女西装基础型的合体度。第五章女西装缝制工艺中，采用经典的威尔士亲王格纹精纺羊毛面料，将理论知识与实践紧密结合，直观地为读者详尽说明女西装工艺的操作步骤。详尽解读不同部位的平面结构与人体之间的相应关系，使读者能够有针对性地深刻理解女西装结构设计方法。

吕越

2024年1月15日

自　序 --✂

　　本书基于北京服装学院系列服装纸样课程知识体系女西装知识模块的内容，以及作者在服装结构专业方面多年的教学与研究成果编著而成，包括作者发表的学术论文、教研论文、专利以及著作《时装·创意板型》等。

　　本书采用创新的结构设计实现方法，即"结构设计三步走"——尺寸、结构和纸样进行讲解。第一步"尺寸"是指了解人体，以及确定人体尺寸的过程。差异化人体尺寸数据是进行服装结构设计的前提和保障。在这一步骤中，通过人体的尺寸部位，可以清晰地了解人体因腰臀差、胸高不同，或者因年龄等因素产生的体型差异。第二步"结构"是指借由基础型实现结构设计的过程。这一步骤也称结构制图，即依据获得的差异化尺寸数据制作相应服装品类的基础型，然后依据服装品类的结构特点以及个人的审美需求，应用基础型实现相应服装品类结构设计的过程。第三步"纸样"是结构设计的实现，也是成衣制作的依据，通常是指放置在面料上进行裁剪的纸样。服装纸样的制作是需要参考结构特点、面料特性、工艺要求等因素。

　　全书依据知识的延展与迁移分为五章：第一章绪论，第二章女西装尺寸与基础型，第三章女西装结构与设计，第四章女西装纸样，第五章女西装缝制工艺。本书从学习和应用的角度设计各个章节内容，其中，参与课程应用环节的实践者包括李星星、葛微安、吴佳融、吴佳宇、王佳钰等。书中通过研究若干个案，由浅入深、层层递进布局。例如，依据学习过程中易产生疑问的知识点，设计各个小节的标题；将较为专业的、抽象的平面结构，呈现为虚拟形象、坯布样衣、服装实物等形式，为读者示范讲解各个章节的学习内容和应用方法，有助于读者充分理解女西装结构设计方法。广大服装爱好者，尤其是喜爱精品服装的人群，能够应用书中的方法，自主地实现所心仪的女西装款式，获得女西装结构设计的综合能力。

牟琳

2024年1月20日

目 录 ‑‑ ✂

第三章 女西装结构与设计

第四章　女西装纸样

第五章　女西装缝制工艺

第一章

绪　论

第一节 ▶▶▶

如何了解女西装演化

一、女西装的出现

现代西装出现在 17 世纪，在它诞生之初，只有男性才可以穿着，直到 1885 年女性才开始穿上西装，女性穿着西装的时间晚于男性二百多年。女西装的出现意义不仅是外在的穿着变化，更多的是它对女性意识的影响。女性穿着西装的起因是非常偶然的，源自贵族女性参加休闲活动时对服装舒适感的需求。19 世纪，女性大多穿着束腰服装，这种装束"优雅"得很艰难，常常使女性呼吸困难，甚至有时会晕厥。1885 年，英国裁缝约翰·雷德弗（John Redfern）以上流社会的男西装为灵感，设计了没有束腰的女士修身游艇夹克，此后便在贵族圈流行起来，这就是女西装的雏形（图 1-1）。

二、女西装的发展历程

1. 香奈儿（Chanel）女士套装的出现

自 1914 年第一套香奈儿女士套装出现以来，便一直备受女性的追捧。香奈儿女士套装采用直身结构，其设计元素多来自男西装，包括驳领、贴袋等。面料方面选用质地柔软的粗花呢面料或针织类面料，进一步放松对女性腰部的束缚。香奈儿女士套装中（图 1-2）也会采用马甲等男西装结构设计元素。

2. 女西装与裤装搭配的套装出现

1932 年，法国设计师马萨尔·罗莎（Marcel Rochas）具有划时代意义地推出了与女西装搭配穿着的裤装，从此改变了西方不允许女性穿着裤装的历史。在女西装与裤装搭配的

图1-1　女西装雏形
（牟琳绘制）

图1-2　香奈儿女士
套装（刘露绘制）

套装中、驳领结构、门襟处单排两粒扣，衣下摆为圆摆、贴袋等设计元素都与男西装一致（图1-3）。搭配裤装穿着的女西装套装能够充分展现女性自信的个人魅力，因此受到了许多明星的推崇。例如，20世纪20~30年代家喻户晓的好莱坞女星玛琳·黛德丽（Marlene Dietrich）便十分热爱穿着女西装与裤装搭配的套装。女西装与裤装搭配的套装的出现也进一步加大了西装在女性中的影响力。

3. 20世纪40年代的女西装

20世纪40年代，第二次世界大战结束后，越来越多的女性走出家门成为职业女性，女西装这一能够展现女性独立和自主意识的服装品类渐渐成为时尚潮流。这一时期常见的女西装套装多采用平肩、收腰的廓型设计（图1-4）。在搭配方面，其主要与裙装、衬衫、裤装、帽子等搭配，而且细节设计也变化多样。

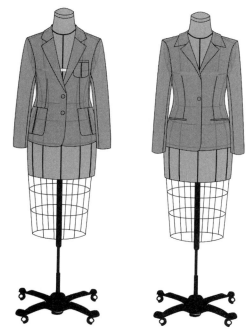

图1-3 女西装与裤装搭配的套装（刘露绘制）　　图1-4 20世纪40年代的女西装（刘露绘制）

4. 迪奥（Dior）套装的出现

第二次世界大战后流行起来的平肩西装逐渐变得随处可见，巴黎的女子们也渐渐厌倦这种无法展现女性优雅和魅力的单一款式，渴望着美丽、优雅与华丽的时装。1947年，克里斯汀·迪奥（Christian Dior）先生恰逢其时地推出了经典的"新风貌"（New look）套装。这一划时代的新风貌套装出现的重要意义在于，迪奥先生摒弃了以往女西装借鉴男西装三开身结构设计的方式，以及比例裁剪的方法，采用了女性化纸样裁剪方法，即立体裁剪的方式，并将西装中的三开身结构调整为分割形式变化多样的衣身结构，不仅强调了女性腰部曲线的美感，而且展现了女性曼妙的身姿。随着新风貌套装的流行，迪奥先生进一步将A型裙改良为铅笔裙，并采用男西装中的驳领、嵌线袋等元素设计女西装（图1-5），进一步推动了新风貌套装的流行。

5. 伊夫·圣·洛朗（Yves Saint Laurent）女士吸烟装的出现

时尚就像钟摆，当展现女性曼妙身姿的新风貌套装达到流行的巅峰时，时尚的钟摆必然摆向另一个方向。1966年，法国著名设计师伊夫·圣·洛朗大胆开创了"中性风"西装，再一次将女西装的结构设计回归为男西装的三开身结构，推出了板型源自男西装的女士吸烟装。男士吸烟装是西方上流社会的绅士在隆重的晚宴结束后，脱掉燕尾服坐在吸烟室里抽烟时穿的一种西装便装。

经过伊夫·圣·洛朗改良后的女士吸烟装，融合了男西装的经典设计元素和女性高雅柔美的特点，是一款散发着中性魅力的简洁、利落、帅气的女西装。女士吸烟装一经推出就受到明星们的推崇，例如，美国时尚偶像碧安卡·贾格尔（Bianca Jagger）不仅日常穿着，而且在她的婚礼上也选用伊夫·圣·洛朗吸烟装作为礼服。伊夫·圣·洛朗经典的吸烟装，不仅结构设计源自男西装，而且其裁剪方法也与男西装相同，都采用了比例法（图1-6）。看似结构简单的吸烟装，因能够展现女性独立、自信的个性而广受欢迎，直至今日，伊夫·圣·洛朗的吸烟装仍然是众多女性在出席多种场合时的首选套装。

6. 垫肩西装的鼻祖——阿玛尼（Armani）

1976年，当大多数办公室女性为明天穿什么绞尽脑汁时，乔治·阿玛尼（Giorgio Armani）将男西装套装改良，重新设计出的女西装套装满足了女性在办公室着装的形象要求，成为现代女性职业装的范本，并迅速在全世界范围内流行开来。

乔治·阿玛尼设计的女西装较此前的女西装更宽松且设有夸张的垫肩，其夸张程度已经超过了女性人体的肩部尺寸，因此阿玛尼也被称为"垫肩西装的鼻祖"。阿玛尼的女西装通过设有较厚的垫肩把女性原本比较瘦小的肩部支撑至男性的肩部宽度，能够充分展现干练且具有力量感的职业女性形象（图1-7）。

图1-5　迪奥女西装　　　图1-6　伊夫·圣·洛朗女士吸烟装（刘露绘制）　　　图1-7　阿玛尼女西装

第二节 ▶▶▶

如何定义女西装

女西装的设计源于男西装，能够赋予穿着者以挺拔、干练的气质。与此同时，女西装结构又需要表现女性人体特征，因此在进行结构设计前有必要从种类、廓型、结构以及设计要素等方面为女西装定义。

一、女西装分类

女西装的分类与男西装一致，主要分为礼服、休闲装、正装三类。女西装礼服多采用精纺羊毛、丝绒等面料，其中驳领、纽扣、贴袋等部件搭配有光泽的亮缎面料。女西装休闲装多采用由较为舒适的棉、麻、丝、毛等纤维织成的粗花呢、灯芯绒等面料，结构设计方面通常采用加大尺寸的方式，即肩宽、胸围等部位尺寸大于穿着者的实际尺寸，展示自然、休闲、舒适的着装风格。女西装休闲装的搭配方式较为多元化，可搭配衬衫、连衣裙、休闲T恤、牛仔裤等单品。

本书的主要内容是研究女西装正装的结构设计与实现。女西装正装通常搭配裤装成套穿着，包含驳领、纽扣、门襟、贴袋、三开身、两片袖等结构设计元素（图1-8）。

二、女西装廓型特征

图1-8　女西装正装款式

女西装由前片、后片、腋下片组成，即所谓的三开身结构，可将其廓型特征归纳为箱体结构进行分析。由于女西装的设计源于男西装，为更直观地分析女西装，首先从正面、背面两个角度观察虚拟男模特，可以看出男西装箱体结构的廓型特征，具体表现为前宽较为合体，背宽明显大于前宽，且较为夸张，展现了男性雄壮、挺拔的气质（图1-9）。

注：为了更直观地分析女西装结构，本书将前颈点至袖窿深浅居中位置的横向宽度定义为"前宽"，与"胸宽"进行区分。

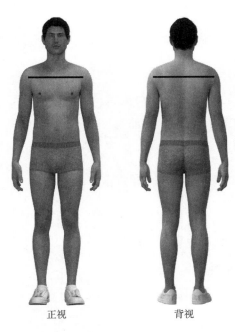

正视　　　　　背视

图1-9　虚拟男模特（正视、背视）

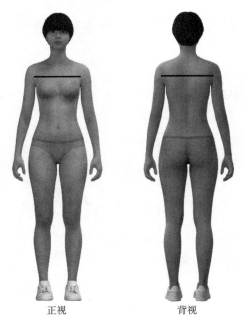

正视　　　　　背视

图1-11　虚拟女模特（正视、背视）

在俯视角度下，虚拟男模特中表示前宽、后宽的实线，以及展现人体躯干厚度的虚线，共同组成了男西装的廓型特征，即较为扁平的梯形箱体结构（图1-10）。

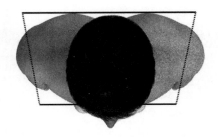

图1-10　虚拟男模特（俯视）

从正面、背面两个角度观察虚拟女模特，可以看出女西装箱体结构的廓型特征，具体表现为前宽较为合体。相较于男西装，女西装的背宽应与人体实际尺寸更相符，展现了女西装挺拔、合体的特点（图1-11）。

而在俯视角度下，因女性人体胸部凸起的结构特点，虚拟女模特中表现乳房凸起的躯干厚度的虚线，与表示前宽、背宽的实线组成了更加接近梯形且立体的女西装廓型特征（图1-12）。

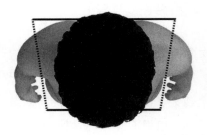

图1-12　虚拟女模特（俯视）

三、女西装结构定义

根据前文对女西装廓型特征的分析，以及参考人台上的女西装结构标线，能够进一步理解和定义女西装结构。

1. **女西装前片结构（图1-13）**

①前中心线：前片左、右对称的居中结构线。

②腰围线：腰部最细处围量尺寸线，腰省定位线。

③臀围线：臀部最突出处围量尺寸线，腰臀曲线、衣长定位线。

④领口：由纵向和横向的两条线组成。

⑤串口线：领面与驳头缝合的结构线。

⑥驳口线：驳头、领面的定位线，其起点通常依据第一个扣位定位。

⑦驳头：经驳口线翻折后覆盖在前片部分衣身上的部位。

⑧领面：经驳口线翻折后围绕颈部的部位。

⑨扣眼位：通常依据腰围线、前中心线定位。

⑩袋位线：通常依据扣眼位定位。

⑪前腰省：前腰省是指BP点（胸高点）至

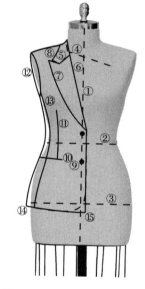

图1-13　女西装结构（前片）

袋位之间的省结构线。在西装结构中，前腰省的设计用于塑造胸部凸起的结构。在女西装中，因女性乳房凸起量大于男性的胸肌凸起量，其前腰省的省量较大。

⑫袖窿弧线：衣身袖窿的弧线。

⑬前侧缝线：前片和腋下片的分割线。

⑭底边线：通常依据臀围线定位。

⑮前襟止口线：自驳口线起点向下至底边线的结构线，与底边线相交的角度可以为直角，也可以为圆角（止口线通常是指表现结构边缘的线，如驳头止口线、前襟止口线等）。

2. **女西装后片、腋下片结构（图1-14）**

①后中心线：后片左、右对称的居中结构线。

②腰围线：腰部最细处围量一周，腰省定位线。

③臀围线：臀部最突出处围量尺寸线，腰臀曲线、衣长定位线。

④袖窿弧线：衣身袖窿的弧线。

⑤前侧缝线：前片和腋下片的分割线，其与前袖窿弧线相交的位置略向后片靠近。

⑥后侧缝线：后片和腋下片的分割线。

⑦肩线：前片、后片在肩部缝合的结构线，其结构特征表现为略向前倾斜的弧线。

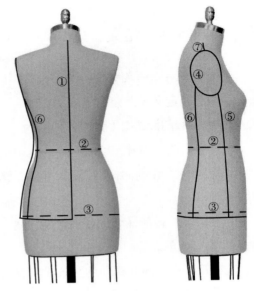

图1-14　女西装结构（后片、腋下片）

四、女西装设计要素

女西装设计要素主要包括面料和结构两个方面。

面料方面，女西装通常选用品质优良的羊毛精纺面料，其特性能够适应归拢、拔开等工艺操作，以塑造符合女性人体曲线的女西装结构。同时，其光泽柔和、不易变形、舒适透气，以及具有保暖性等特性，可以使穿着者拥有良好的穿着体验。此外，优良的羊毛精纺面料由于织造和组织结构的不同，不同面料在肌理、纹理、光泽和厚度等方面也有多样的表现性，为女西装带来更丰富的表现力。

结构方面，女西装的设计源自男西装，通常以驳领结构的设计为重点。驳领是经驳口线翻折后覆盖在衣身上形成的结构，是展现西装挺拔姿态的重要部位。女西装驳领类型可分为平驳领和戗驳领（图1-15）。

平驳领　　　　　戗驳领

图1-15　女西装驳领类型

女西装的领面与驳头通过串口线缝合后，领面的领角与驳头的领角之间呈现一定的角度，因其与鱼嘴张合的角度相似，又被命名为鱼嘴结构。女西装鱼嘴结构主要由驳口线 a、驳头止口线 b、串口线 c，以及鱼嘴角度 d 组成（图 1-16）。鱼嘴结构设计的实质是领型平驳领至戗驳领之间的角度变化，即鱼嘴的角度变化。

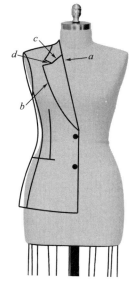

图1-16　女西装鱼嘴结构

第三节

如何分析女西装结构

一、女西装结构制图与工艺符号

1. 女西装结构制图符号

结构设计是通过绘制与款式相符的结构线实现的，其绘制过程通常称为结构制图。本书介绍女西装结构制图中主要使用的符号，具体见表 1-1。

表1-1　女西装结构制图符号

名称	图形	说明
轮廓线	——————————	服装结构的轮廓线
辅助线	— — — — - - - - - - - - - -	服装结构的定位线，通常使用比较细的实、虚线
双幅折边线	—— ·· —— ·· ——	双幅面料的折边线
等分符号	⌒⌒ ⌒⌒	结构线上的等分定位

名称	图形	说明
拼合符号		用于须拼合的两条结构线
直角符号		规范两条结构线相交的角度
经纱纱向		梭织面料由经纱、纬纱纺织而成，相较于纬纱，经纱具有较强的耐抻拉性和支撑力，通常依据经纱纱向裁剪
斜纱纱向		斜纱纱向呈45°
重叠符号		相邻的两条结构线重叠
距离符号		两个线段的间距
对位符号		对位缝合的点位
纽扣		女西装中，纽扣位于左前襟
扣眼		女西装中，扣眼位于右前襟

2. 女西装工艺符号

女西装缝制时常用的工艺符号见表1-2。

表1-2　女西装工艺符号

名称	图形	说明
归拢		用高温熨斗将服装样片中呈凸弧线的结构归拢为直线结构的工艺操作
拔开		用高温熨斗将服装样片中呈凹弧线的结构拔开为直线结构的工艺操作
三角针		用于固定两层面料的手针针法

二、女西装结构分析示例

本节通过对比分析款式 A（合体的单排两粒扣平驳领圆摆女西装）和款式 B（略宽松的双排三粒扣平驳领直摆女西装）两种不同款式的女西装，总结归纳女西装结构分析的方法。

（一）款式 A 结构分析（图 1-17）

图1-17　结构分析案例——款式A

1. 廓型

款式 A 的衣长略高于臀围线，腰臀曲线与人体相符，其廓型主要通过两方面塑造：一方面，依据尺寸表中的腰围数据，以及满足人体活动时腰围所需的基本松量等因素确定腰省量；另一方面，依据尺寸表中的臀围数据，以及满足人体活动时臀围所需的基本松量等因素确定臀围量。

> 注：当廓型表现为更夸张的腰臀曲线时，可适当减少腰省的松量，以及加大臀围松量，塑造夸张的廓型。

2. 肩结构

款式 A 的肩结构表现为与人体的肩宽吻合，垫肩厚度较常规，为 1.2~1.5cm。

女西装的肩结构是多样的，如前文介绍的伊夫·圣·洛朗吸烟装的平肩造型、垫肩鼻祖阿玛尼夸张的肩部造型等。此外，肩与袖的关系也是肩部结构设计的主要因素。因此，肩结构的设计须较全面地考虑衣身与袖结构之间的关系。

3. 衣身分割

款式 A 为三开身的衣身分割，有前腰省。从正面观察，前片是主体，腋下片占较少的一部分。从背面观察，后片也是主体，但腋下片较为明显。

4. 鱼嘴结构（图 1-18）

鱼嘴结构是西装的标志性结构，款式 A 的鱼嘴结构特点如下。

（1）领深线：长度约为 6cm，与驳口线平行。

（2）串口线：自领深线端点，向下倾斜约 15° 的斜线，长度约为 12cm。

（3）驳头：较为典型的平驳领结构，其驳头宽度约为 7.7cm。

（4）鱼嘴角度：领面的领角与驳头领角之间的角度约为 50°。

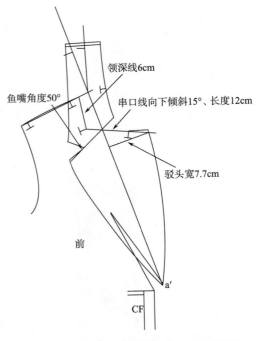

图1-18　结构分析案例——款式A鱼嘴结构

> ✂
>
> 注：衣领是围裹人体颈部的结构，不同的服装品类对衣领的结构造型有不同要求。女西装这一服装品类，因其外套属性，衣领的后领中线宽度与人体颈部结构以及与衬衣领宽度的比例关系等因素有关。

5. 前襟止口

款式 A 的前襟止口与底边呈圆摆，是西装典型的结构特征之一。

6. 扣眼位、袋位

款式 A 为单排两粒扣。第一扣眼位位于腰围线以上约 3cm 处，扣间距约为 9cm。袋位位于第二扣眼位水平线以上约 1cm 处。

7. 袖结构

款式 A 的袖结构为典型的西装袖结构，由大袖、小袖组成。从其正、背面观察，袖结构各有一条纵向分割线，分别为内、外袖缝。观察正面，大袖是主体，内袖缝不明显。观察背面，大袖和小袖各占一半，且外袖缝有弧度。

大、小袖的外袖缝袖口处有袖衩结构，是西装袖的典型特征。袖衩处有四粒扣，袖扣直径为 1.5cm。

（二）款式 B 结构分析（图 1-19）

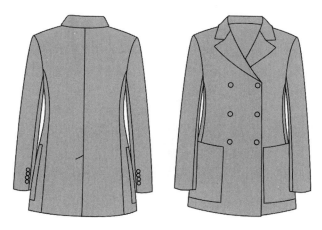

图1-19 结构分析案例——款式B

1. 廓型

款式 B 的廓型较宽松，衣长位于臀围线以下，其廓型主要通过适当地减少腰省量和加大胸围量塑造。

2. 肩结构

款式 B 的肩宽略宽于人体肩宽，垫肩厚度为 1.2~1.5cm。

3. 衣身分割

款式 B 为三开身的衣身分割，无前腰省。

4. 鱼嘴结构（图 1-20）

（1）领深线：长度约为 4.5cm，与驳口线平行。

（2）串口线：自领深线端点，向下倾斜约 30° 的一条斜线，长度约为 12cm。

（3）驳头：驳领的驳头宽度约为 8cm。

（4）鱼嘴角度：领面的领角与驳头领角之间的角度约为 35°。

5. 前襟止口

款式 B 的前襟止口与底边呈直角。

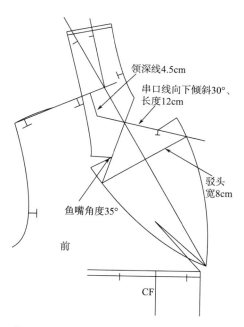

领深线4.5cm

串口线向下倾斜30°、长度12cm

驳头宽8cm

鱼嘴角度35°

前

CF

图1-20 结构分析案例——款式B鱼嘴结构

6. 扣眼位、袋位

款式 B 为双排三粒扣。第一颗扣眼位位于 BP 点水平线以下约 1cm 处，扣间距约为 10cm。袋位依据第三颗扣眼位定位。

7. 袖结构

款式 B 的袖结构为两片袖结构，大、小袖的外袖缝袖口处有袖衩结构。袖衩处有四粒扣，袖扣直径为 1.5cm。

三、女西装结构绘制示例

接下来，以李星星、葛微安两位实践者绘制的款式图为例，进一步说明如何应用女西装结构分析方法。

（一）示例一（图1-21）

李星星：“女西装是心理成熟女性欣赏的一种服装品类，是衣柜中无论何时都不会被折叠收纳的服装。女西装特定的结构是独立和女性意识觉醒的一种象征。无论是正式款式还是休闲款式的女西装，在工作或者生活中被穿上的那一刻，除了外在的仪式感，女性心中都会自然多一分认真和热爱。”

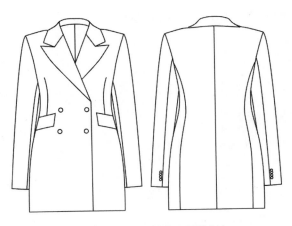

图1-21　示例一（李星星绘制）

1. 廓型

示例一的衣长位于臀围线下约 17cm 处，较贴合人体腰臀曲线。

2. 肩结构

示例一的肩宽与人体肩宽相符，垫肩厚度约为 1.5cm。

3. 衣身分割

示例一为三开身的衣身分割，有前腰省，后片无开衩。从正面观察，前片是主体，几乎看不到腋下片。从背面观察，后片与腋下片都占一定比例。

4. 鱼嘴结构

（1）领深线：长度约为6cm，与驳口线平行。

（2）串口线：自领深线端点，向下倾斜约35°的一条斜线，长度约为12cm。

（3）驳领：较为典型的平驳领结构，其驳头宽度约为8.5cm。

（4）鱼嘴角度：衣领领角与驳领领角之间的角度约为20°。

5. 扣眼位、袋位

示例一为双排两粒扣。第一颗扣眼位位于腰围线以上约1cm处，扣间距约为10cm。袋位位于腰围线下约3cm处。

6. 前襟止口

示例一的前襟止口与底边呈直角。

（二）示例二（图1-22）

葛微安："女西装赋予女性优雅、得体的形象，使穿着者充满干练、帅气的气质。女性与女西装相互成就，'人养衣，衣托人'，相得益彰，是现代独立女性内在美的外在彰显。"

图1-22 示例二（葛微安绘制）

1. 廓型

示例二的衣长略高于臀围线，整体呈较为夸张的腰臀结构比例，其通过减少腰围松量、增加臀围松量，塑造夸张的腰臀曲线。

2. 肩结构

示例二的肩宽略宽于人体肩宽，垫肩厚度约为 1.5cm。

3. 衣身分割

示例二为三开身的衣身分割，各个结构样片充分体现了人体腰臀曲线的夸张美感。

4. 鱼嘴结构

（1）领深线：长度约为 4.5cm，与驳口线平行。

（2）串口线：位置较高，自领深线端点，向下倾斜约 25° 的一条斜线，长度约为 12cm。

（3）驳领：戗驳领结构，驳头宽度约为 7.5cm。

（4）鱼嘴角度：领面的领角与驳头领角之间的角度约为 15°。

5. 扣眼位、袋位

款式二为单排三粒扣。第一颗扣眼位位于 BP 点水平线以下约 1cm 处，扣间距约为 9cm。袋位位于第三颗扣眼位以上约 1cm 处。

6. 前襟止口

款式二的前襟止口与底边成直角。

第二章

女西装尺寸与基础型

第一节 ▶▶▶

如何确定你的专属尺寸

确定尺寸是"结构设计三步走"中的第一步。差异化人体尺寸数据是女西装结构设计的前提和保障。本章中主要从女性人体特征、女西装标准尺寸和女西装差异化尺寸三个方面，解读获得差异化人体尺寸数据的方法。

一、女性人体特征

女性人体特征包括体型特点和骨骼特点两个方面。

（一）女性人体体型特点

女性人体体型特点可依据人体的轮廓形状分类概括。例如，X 型表现为腰臀曲线明显，H 型表现为腰臀为直身结构，A 型结构由较窄的肩宽与较大的臀围组合而成，形成上窄下宽的体型特点，Y 型结构与 A 型相反，由较宽的肩宽与较小的臀围组合，形成上宽下窄的体型特点。O 型结构则是指因腹部较丰满形成的体型特点（图 2-1）。通过了解女性人体体型特点可以适当地调整相关尺寸数据。例如，相较于标准女性人体尺寸数据，A 型的肩宽须调整略窄，而 Y 型的肩宽须调整略宽等。

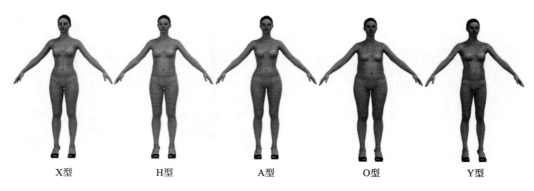

| X型 | H型 | A型 | O型 | Y型 |

图2-1　女性人体体型分类

（二）女性人体骨骼特点

女性人体特征与骨骼结构密切相关。此处采用前文归纳的箱体结构进行分析，将箱体结构放置在虚拟人体上，可对比分析和了解差异化女性人体的骨骼特征（图2-2）。相较于正常体的箱体结构，在同一胸围数据的前提下，有些女性人体骨骼的箱体结构表现为前面、后面较窄，侧面较宽，呈较立体的梯形箱体结构，本书将其定义为"骨骼甲"。相反，还有一些女性人体骨骼的箱体结构表现为前面、后面较宽，侧面较窄，呈较扁平的梯形箱体结构，本书将其定义为"骨骼乙"。

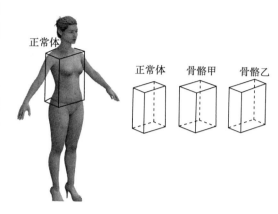

图2-2 女性人体骨骼特征分类

由于箱体结构所表现的骨骼特征较为抽象，可以借分别具有骨骼甲和骨骼乙两种特征的虚拟模特进行比较分析，以较为具象的方式理解差异化骨骼的结构特点。虚拟模特 Cherry 具有骨骼甲体型特征，虚拟模特 Lucy 具有骨骼乙体型特征，她们的身高均为 165cm，胸围都是 84cm。两个虚拟模特并排站立，通过对比，可以发现 Lucy 的肩宽略宽于 Cherry。从侧面观察，Cherry 的胸部凸起量明显大于 Lucy，并且侧面厚度略宽于 lucy。由此，可以进一步确定 Cherry 具有骨骼甲特征，而 Lucy 具有骨骼乙特征。通过骨骼特征的分析与确定，能准确地调整、背宽、肩宽等人体躯干相关部位的尺寸数据（图2-3）。

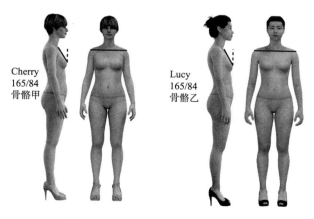

图2-3 女性人体骨骼特征具体分析

二、女西装标准尺寸

（一）号型

服装规格尺寸表中常以号型规范人体的长度和围度等数据。"号"指高度，以cm为单位表示人体总高度，通常以5cm为一档进行分档，是服装长度设计的依据。"型"指围度，上装的型以cm为单位表示人体胸围，通常以4cm为一档进行分档，"型"是服装宽度设计的依据。

（二）女西装标准尺寸

女西装标准尺寸是适用于女西装这一服装品类的尺寸数据，包括背宽、胸宽、小肩宽、胸省量、背长、袖窿深、后衣长、袖长等部位尺寸数据。在表2-1中，"身高"（号）一列指适用于身高为160~170cm的群体，"胸围"（型）一列指适用于胸围为80~102cm的群体。每个型对应的各个部位尺寸数据是调整和确定差异化人体尺寸的依据。

注：胸省是为了满足人体胸部凸起设计的省，其省量的大小取决于胸部凸起量。表2-1中的胸省量是正常人体的胸高凸起量，实践时须进一步结合差异化体型特征适当调整。例如，当女性的体型特征表现为骨骼甲时，须加大胸省量以塑造更加凸起的胸部。

表2-1　女西装标准尺寸参考表　　　　　　　　　单位：cm

部位	尺寸					
身高	160~170					
胸围	80	84	88	92	97	102
腰围	62	66	70	74	79	84
臀围	85	89	93	97	102	107
背宽	32.4	33.4	34.4	35.4	36.6	37.8
胸宽	30	31.2	32.4	33.6	35	36.5
小肩宽	11.75	12	12.25	12.5	12.8	13.1
胸省量	5.6	6.2	6.8	7.4	8	8.6
背长	38.5	39	39.5	40	40.5	41
颈围	35	36	37	38	39.2	40.4
袖窿深	20	20.5	21	21.5	22	22.5

部位	尺寸					
后衣长	57.5	58	59	60	61.5	63
腰臀高	20	20.3	20.6	20.9	21.2	21.5
袖长	56.5	57.1	57.7	58.3	58.8	59.3
上臂围	26	27.2	28.4	29.6	31	32.4
袖口围	23	24	25	26	27	28

以虚拟模特Cathy为例说明确定女性人体部位尺寸需要测量的部位（图2-4），具体测量方法见表2-2。

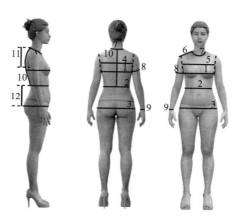

图2-4　女性人体测量部位

表2-2　女性人体部位尺寸测量方法

序号	部位	测量方法
1	胸围	经过人体胸部最高点（BP）水平测量一周
2	腰围	经过人体躯干最细的部位水平测量一周，但是由于人体体型差异化特点，尤其是H型、O型等人体体型躯干最细的部位未在腰围线处，腰围线须结合臀围线位置进一步定位
3	臀围	经过人体臀部最高点水平测量一周
4	背宽	人体两腋后点之间水平测量
5	胸宽	人体两腋前点之间水平测量
6	小肩宽	颈侧点量至肩端点的距离，颈侧点是颈部与肩部相交的部位，肩端点是胳膊与躯干衔接的骨骼位置
7	颈围	测量人体的颈根部一圈的围度，颈根部是指人体颈部与躯干衔接的部位
8	上臂围	又称臂根围，经人体上臂最粗部位测量一周
9	腕围	经过手和胳膊衔接处最细部位测量一周

序号	部位	测量方法
10	背长	第七颈椎点量至腰围线
11	袖窿深	第七颈椎点量至腋下
12	腰臀高	腰围线量至臀围线

以虚拟模特Cathy为例，Cathy是标准体型，其号型是160/84，提取表2-2中84型的相关数据，即Cathy的女西装标准尺寸，具体见表2-3。

表2-3　女西装标准尺寸示例（160/84）　　　　　单位：cm

部位	尺寸
身高	160
胸围	84
腰围	66
臀围	89
背宽	33.4
胸宽	31.2
小肩宽	12
胸省量	6.2
背长	39
颈围	36
袖窿深	20.5
后衣长	58
腰臀高	20.3
袖长	57.1
上臂围	27.2
袖口围	24

三、女西装差异化尺寸

女西装差异化尺寸的确定须依据所测量的人体数据定位标准尺寸，并结合具体人体特征进行相应的调整和确定。本部分内容以基于中年女性人体特征建模的虚拟模特Helen为例，讲解确定差异化尺寸的具体步骤，并以李星星、葛微安两位实践者的数据为例，进一步说明获得女西装差异化尺寸的方法。

（一）确定方法

在表 2-2 介绍的测量方法中，一些人体部位较难定位，如肩端点、颈侧点等。因此，测量人体时只需测量能够获得准确数据的，即胸围、腰围、臀围、上臂围四个部位的尺寸。

以虚拟模特 Helen 为例，测量其上述四个部位的尺寸，可得数据为胸围 87cm、腰围 74cm、臀围 92cm、上臂围 28.8cm，具体见表 2-4（表中序号与图 2-5 标注序号对应）。

表2-4 Helen实际测量尺寸 单位：cm

序号	部位	尺寸
1	胸围	87
2	腰围	74
3	臀围	92
8	上臂围	28.8

依据 Helen 四个部位的尺寸可以确定调整后的女西装尺寸（表 2-5），具体包括五个步骤。

1. 定位标准尺寸

Helen 实际胸围为 87cm，比较接近 88 型的标准尺寸数据，可提取表 2-2 中 88 型的相关数据。

2. 计算胸腰差

当女性人体的胸腰差大于 19cm 时，可将标准尺寸中的胸省量数据加大，以塑造较高的胸部凸起形态。Helen 的胸腰差＝87cm－74cm＝13cm，因此胸省量无须调整。

3. 调整身高相关尺寸

女西装标准尺寸参考表适用的对象身高是 160～170cm，当客户的身高不在标准范围内时，须调整与身高相关的尺寸。Helen 身高为 157cm，须减量调整与身高相关的尺寸：背长由 39.5cm 减为 39.2cm，袖窿深由 21cm 减为 20.7cm，袖长由 57.7cm 减为 56.8cm，腰臀高由 20.6cm 减为 20.5cm。

4. 考虑骨骼特征

当人体体形表现为骨骼甲特征时，表 2-2 中的胸宽、背宽、小肩宽等人体躯干的宽度尺寸须做减量调整，而胸高则须做加量调整，反之亦然。Helen 为标准体型，骨骼正常，无须调整。

5. 考虑年龄因素

女西装尺寸的确定还须考虑年龄因素。例如，相较于女青年，中年女性因年龄较大，在背部、腋下等部位可能有脂肪积累，可称之为"假胸围量"。所以，应对表2-2中的标准胸省量做减量调整，以塑造实际的胸部凸起形态。以基于中年女性人体特征建模的虚拟模特 Helen 为例，其胸省量由 6.8cm 调整为 6.6cm，小肩宽由 12.25cm 调整为 12.1cm。

表2-5 Helen女西装尺寸的确定 单位：cm

部位	标准尺寸	调整尺寸
身高	160~170	157
胸围	88	87
腰围	90	74
臀围	73	92
背宽	34.4	34.4
胸宽	32.4	32.4
小肩宽	12.25	12.1
胸省量	6.8	6.6
背长	39.5	39.2
颈围	37	37
袖窿深	21	20.7
后衣长	59	59
腰臀高	20.6	20.5
袖长	57.7	56.8
上臂围	28.4	28.8
袖口围	25	25

（二）实践示例

1. 示例一（实践者——李星星）

将自测的胸围、腰围、臀围和上臂围四个数据填写在表格中，并根据前文提到的五个步骤确定李星星的女西装尺寸。依据自测胸围 84cm，定位表 2-2 中 84 型的标准尺寸。依据胸腰差 19cm，胸省量可调大或无须调整。依据身高 165cm，其尺寸适用于身高为 160~170cm 的对象，无须调整长度尺寸。人体骨骼特征正常，无须调整躯干的宽度尺寸。考虑到其为青年，胸省量无须调整，具体见表2-6。

表2-6　李星星女西装尺寸的确定　　　　　　　　　　单位：cm

部位	标准尺寸	调整尺寸
身高	160~170	165
胸围	84	84
腰围	66	65
臀围	89	92
背宽	33.4	34.4
胸宽	31.2	31.2
小肩宽	12	12
胸省量	6.2	6.2
背长	39	39
颈围	36	36
袖窿深	20.5	20.5
后衣长	58	75
腰臀高	20.3	20.3
袖长	57.1	57
上臂围	27.2	27.5
袖口围	24	24

2. 示例二（实践者——葛微安）

将自测的胸围、腰围、臀围和上臂围四个数据填写在表格中，并根据前文提到的五个步骤确定葛微安的女西装尺寸。依据自测胸围90cm定位标准尺寸，选择表2-2中88型和92型的相关数据，取两个型之间各部位的平均数据确定为标准尺寸。依据胸腰差16cm，胸省量无须调整。依据身高166cm，其尺寸适用于身高为160~170cm的对象，无须调整长度尺寸。人体骨骼特征正常，无须调整躯干的宽度尺寸。考虑到其为青年，胸省量无须调整，具体见表2-7。

表2-7　葛微安女西装尺寸的确定　　　　　　　　　　单位：cm

部位	标准尺寸		调整尺寸
身高	160~170		166
胸围	88	92	90
腰围	70	74	74
臀围	93	97	100

续表

部位	标准尺寸		调整尺寸
背宽	34.4	35.4	34.9
胸宽	32.4	33.6	33
小肩宽	12.25	12.5	12.4
胸省量	6.8	7.4	7.1
背长	39.5	40	40
颈围	37	38	38
袖窿深	21	21.5	21.5
后衣长	59	60	60
腰臀高	20.6	20.9	20.9
袖长	57.7	58.3	58
上臂围	28.4	29.6	28
袖口围	25	26	25

第二节 ▶▶▶

如何理解女西装基础型

一、女西装基础型分析

女西装基础型适用于女西装这一服装品类，相较于衣原型，女西装基础型的结构变化体现在领部、袖窿、肩部等结构位置。

（一）衣原型

衣原型是人体相应结构的平面表现（图2-5），包括前中心线（Center Front，CF）、后中心线（Center Back，CB）、腰围线（Waist Line，WL）、袖窿弧线、肩线等。

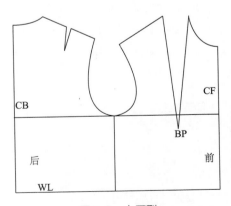

图2-5 衣原型

衣原型须通过成衣试穿进行评价，包括领窝、袖窿、肩等结构是否与人体相符，袖窿深线、腰围线是否水平，以及基础型中的BP点与人体胸高点是否吻合等几个方面。

（二）女西装基础型结构特点

女西装基础型应用于女西装结构设计，其结构形态有自己的特点（图2-6）。相较于衣原型（虚线），女西装基础型（实线）的结构特点主要包括以下几方面。

1. 背宽

女西装基础型的背宽（实线）略宽于衣原型（虚线）的背宽，以满足女西装的外套属性，背部需要更多的松量。

2. 胸宽

女西装基础型的胸宽（实线）基本与衣原型（虚线）的胸宽一致。

3. 肩线

女西装基础型的后肩处（实线）没有肩省。后肩线上的肩省量通过工艺操作以吃量的形式与前肩线缝合，塑造符合人体肩胛骨凸起的结构。另外，因女西装的外套属性，女西装基础型（实线）的前肩宽略宽于衣原型（虚线）的前肩宽。

4. 袖窿深线

女西装基础型的袖窿深线（实线）低于衣原型的袖窿深线（虚线），以满足女西装的外套功能属性。

5. 撇胸量

西装这一服装品类的驳领结构可以赋予穿着者特有的挺拔形象，其结构原理在于应用撇胸量塑造胸部凸起。

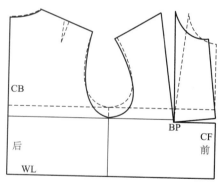

图2-6 衣原型与女西装基础型

二、女西装基础型评价

依据差异化人体尺寸数据制作的女西装基础型，须通过实物测量或虚拟试穿评价其合体性。此部分内容以虚拟模特Helen为例，讲解女西装基础型的制作与评价方法，并以李星星、葛微安、吴佳宇三位实践者的试穿结果为例，进一步说明女西装基础型评价方法。

（一）评价方法

以 Helen 试穿女西装基础型为例（图 2-7），评价方法主要包括以下几个方面。

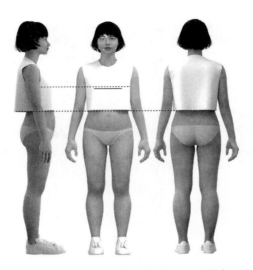

图2-7　女西装基础型评价（Helen试穿）

1. 领围
因女西装的外套属性，其女西装基础型的领围略大于人体基础型颈围。

2. 前宽、背宽
前宽较为合体，而背宽略宽于人体基础型的背宽。

3. 小肩宽
略宽于人体基础型的小肩宽。

4. 胸省量
用于塑造胸部凸起形态。通过正面、背面、侧面三个角度观察女西装基础型的袖窿深线是否呈水平状态，可以评价胸省量是否合适。胸省量较小时，袖窿深线在侧面呈向下倾斜状态，可适当调大胸省量。反之，胸省量较大时，袖窿深线在侧面呈向上倾斜状态，可适当调小胸省量。

5. 腰围线
在女西装基础型中，袖窿深线与腰围线之间应是平行的关系。当女西装基础型合体时，腰围线应呈水平状态。

6. 胸高点（BP）
在女西装基础型制作中，BP 点位置的确定方法适用于较为标准的人体比例。以

Helen 为例，当穿着者为中年女性时，BP 点位置须略向下调整。

（二）评价示例

1. 示例一（实践者——李星星）

（1）虚拟试穿评价（图 2-8）：领围合适；BP 点位置在袖窿深线上，与人体相符；前宽和背宽都略宽，须调整；小肩宽略宽，须调整；胸省量合适，袖窿深线呈水平；腰围线与袖窿深线平行。

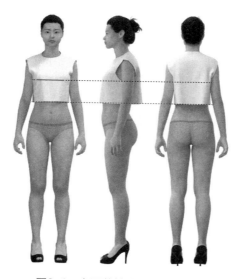

图2-8　女西装基础型虚拟试穿1

（2）坯布样衣试穿评价（图 2-9）：依据虚拟试穿评价的结果，进一步调整并试穿坯布样衣，进行评价。

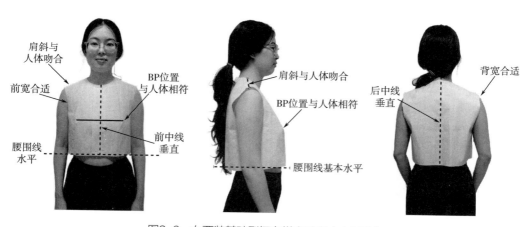

图2-9　女西装基础型坯布样衣试穿（李星星）

2. 示例二（实践者——葛微安）

（1）虚拟试穿评价（图 2-10）：领围合适；BP 点位置在袖窿深线下 0.5cm 处，与人体相符；前宽合适，背宽略宽，须调整；小肩宽略宽，须调整；胸省量合适，袖窿深线呈水平；腰围线与袖窿深线平行。

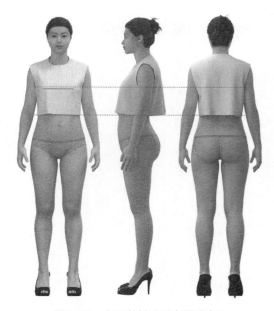

图2-10　女西装基础型虚拟试穿2

（2）坯布样衣试穿评价（图 2-11）：依据虚拟试穿评价的结果，进一步调整后试穿坯布样衣，进行评价。

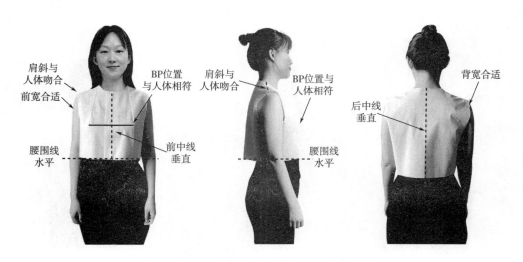

图2-11　女西装基础型坯布样衣试穿（葛微安）

3. 示例三（实践者——吴佳宇）

在课程教学过程中，引导学生应用第二章中女西装差异化尺寸确定方法，绘制适用于差异化人体特征的基础型，并进行坯布样衣试穿和评价（图 2-12）。

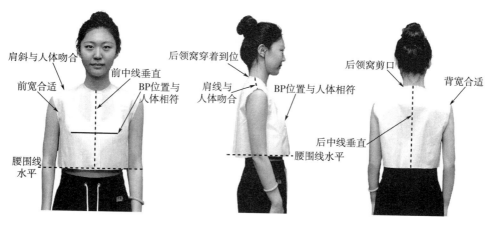

图2-12 女西装基础型坯布样衣试穿（吴佳宇）

三、女西装基础型框架绘制

女西装基础型的框架绘制是依据人体箱体结构特征，由几条纵、横定位线组成的矩形结构，本书使用小写英文字母标注结构制图中的定位点（图 2-13）。

1. 绘制定位点

绘制 50cm 水平线并作 50cm 的垂线相交于点 a。

2. 绘制后领深

图2-13 女西装基础型框架绘制

由点 a 垂直向下 1.5cm 处作点 b，ab 与衣原型后领深的量一致，点 b 约位于人体第七颈椎骨。

3. 绘制袖窿深线

（1）由点 b 向下绘制垂线至点 c，bc = 袖窿深 +2.5~3cm。经过点 c 向下绘制的垂线，所在直线即后中心线（CB）。女西装这一服装品类因其的外套属性，需要加大袖窿深，这一加量不仅能够带来较舒适的穿着体验，而且能够更好地匹配女西装两片袖的结构。bc' 是衣原型的袖窿深，bc' = 袖窿深 + 0.5cm。

（2）由点 c 绘制水平线至点 d，cd = 胸围 /2 + 松量 /2。经过点 d 向下绘制 cd 的垂线，所在直线即前中心线（CF）。

✂ 注：松量的确定通常与服装品类对舒适度和合体度等因素的需求有关。本书女西装基础型的胸围松量是 10~12cm。

4. 绘制前领

由点 d 向上绘制 dc 的垂线，与点 a 所在水平线相交于点 e。de 是人体胸部至颈部之间的距离，能够符合标准女性人体胸部凸起的形态。但是，当胸围为 97cm 或以上时，点 e 需要沿 CF 向上加一定的量来塑造更高的胸部凸起形态。例如，胸围为 97cm 时，点 e 须沿 CF 向上加 0.3cm 定位，胸围为 102cm 时，点 e 位置须沿 CF 向上加 0.6cm 定位。

5. 绘制背长

由点 b 向下绘制垂线至点 f，bf 为背长。由点 f 绘制一条水平线与 CF 相交于点 g，fg 即腰围线（WL）。

四、女西装基础型框架与人体的关系

女西装基础型框架主要以人体的胸围、背长等尺寸为依据绘制，在进一步绘制表现人体曲线的女西装基础型前，有必要了解人体与框架基准线的关系。

将虚拟模特站立时的正面、背面、侧面水平并排呈现，分别将框架的 CF、CB 对应放置在人体的前中心线和后中心线位置，并以此为基础逐一解读框架中的横向定位线（图 2-14）。

1. 后领

观察虚拟模特的背面，由端点 a 沿后中心线向下一定的量至点 b，即后领深 = ab。后领深的量以衣原型的后领

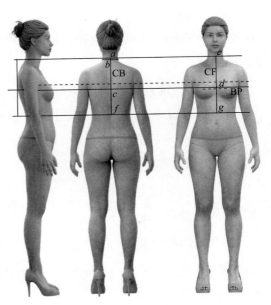

图 2-14 女西装基础型框架与人体关系

深 1.5cm 为参考，并结合服装品类特点确定，以女西装基础型为例，因其外套属性，后领深须加量。

2. 前领

点 e 是前领定位点。在框架绘制中已说明 ae 这条水平线上，点 e 的位置须依据女性人体差异化的胸高量进行相应调整。

3. 袖窿深线

袖窿深线是依据袖窿深尺寸绘制的水平线，是评价基础型是否合体的主要参考线。在基础型框架中，cd 水平线是袖窿深线。将衣原型的袖窿深线（虚线）以及女西装基础型的袖窿深线（实线），并置在虚拟模特的正面、背面和侧面来比较分析：虚线在虚拟模特的腋下，高于实线 2~3cm，而实线略高于 BP 点水平线。两条虚线之间的间距是女西装这一服装品类所需要袖窿深的松量。

4. 腰围线

腰围线是塑造女西装胸、腰、臀结构曲线的重要定位线。从虚拟模特的侧面观察，由 CB 线上的点 f 绘制水平线，fg 即腰围线。

第三节 ▶▶▶

如何绘制女西装基础型

一、绘制后领、后肩（图 2-15）

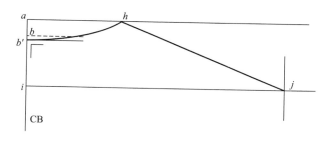

图2-15　女西装基础型绘制（后领、后肩）

（一）绘制后领

1. 后领宽

由点 a 水平向右绘制水平线至点 h，ah 即后领宽，$ah =$ 颈围 $/5 + 0.2 \sim 0.3$cm。

2. 后领深

由点 a 垂直向下 $1.75 \sim 2$cm 处为点 b'。

3. 后领弧线

由点 b' 绘制弧线至点 h，弧线 $b' \sim h$ 与 CB 相交处呈直角。

（二）绘制后肩

1. 肩斜

由点 b 沿 CB 向下定位点 i，$bi =$ 袖窿深 $/5 - 0.7$cm。由点 i 向右绘制长约 25cm 的水平线，即肩斜定位线。

2. 后肩线

以点 h 为圆心，后肩线长度为半径绘制圆，与点 i 所在水平线相交于点 j。$hj =$ 小肩宽 $+ 0.5$cm $+ 0.3$cm，即后肩线长度。在上述公式中，0.5cm 是塑造人体肩胛骨凸起的肩省量，0.3cm 是肩宽松量。

二、绘制背宽、前领

（一）绘制背宽（图 2-16）

1. 背宽线

由点 c 沿袖窿深线水平向右绘制线段定位点 k，线段 $ck =$ 背宽 $+ 0.5$cm $+ 0.3 \sim 0.5$cm。在上述公式中，背宽 $+ 0.5$cm 是衣原型的背宽量，$0.3 \sim 0.5$cm 是女西装因其外套属性所需要的松量。由点 k 向上作 ck 的垂线，与 ij 相交于点 l，kl 即背宽线。

2. 背宽定位点

kl 的中点 m，即背宽定位点。点 m 是袖窿弧线与背宽线的切点。

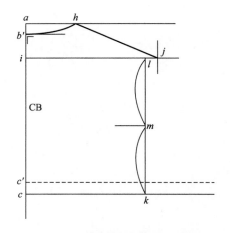

图2-16 女西装基础型绘制（背宽）

（二）绘制前领（图2-17）

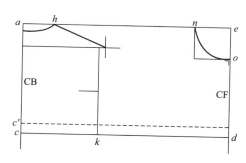

图2-17 女西装基础型绘制（前领）

1. 前领宽

由点 e 向 CB 方向绘制水平线定位点 n，$en = a-h-0.5\text{cm}$（前领宽与后领宽的关系与人体颈部结构相关，通常两者宽度的差量约为 0.5cm）。

2. 前领深

由点 e 沿 CF 向下定位点 o，$eo = $ 颈围 /5。

3. 前领弧线

由点 o 绘制弧线至点 n。须注意，弧线 $o{\sim}n$ 与 CF 相交处呈直角。

三、绘制前宽、胸省、前肩线

（一）绘制前宽（图2-18）

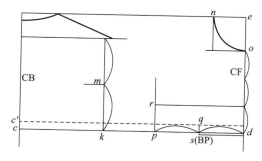

图2-18 女西装基础型绘制（前宽）

1. 胸宽线

由点 d 沿袖窿深线水平向左绘制线段定位点 p，$dp = $ 胸省量 /2+ 前宽 /2。

2. BP 点

胸部凸起的最高点是 BP 点，BP 点的位置在人体基础型袖窿深线（虚线）以下 2.5~3cm 的位置。由线段 dp 的中点向上绘制垂线，与人体基础型袖窿深线（虚线）相交于点 q，由点 q 沿垂线向下定位点 s，线段 qs = 2.5~3cm，点 s 即 BP。

✂ --------

注：BP 点位置须结合人体差异化特征进一步确定。以基于中年女性人体特征建模的虚拟模特 Helen 为例，其 BP 位置相较于女青年略低，即线段 qs=3.5cm。

3. 前宽定位点

三等分线段 od，从近袖窿深线的等分点向左绘制水平线，与点 p 向上作的垂线相交于点 r，即前宽定位点。点 r 是袖窿弧线与前宽线的切点。

（二）绘制胸省、前肩线（图 2-19）

（1）以点 s 为圆心，sn 的长度为半径，向 CB 方向旋转胸省的宽度，得到线段 st。

（2）由 kp 的中点 u 向下绘制垂线，与 fg 相交于点 w。uw 是女西装基础型的侧缝线。

（3）由点 j 垂直向下 1.5cm，绘制约 10cm 的水平线，即前肩斜线。以点 t 为圆心，前肩线长度为半径画圆，与前肩斜线相交于点 v。线段 tv = hj-0.5cm，即前肩线长度。

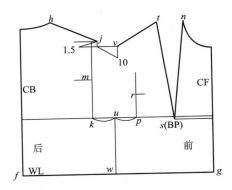

图2-19　女西装基础型绘制（胸省、前肩线）

四、绘制袖窿弧线

（一）袖窿弧线绘制（图 2-20）

袖窿弧线基于五个定位点和两个支撑点绘制而成。五个定位点包括：前肩端点 v，后肩端点 j，袖窿弧线与前宽线的切点 r，袖窿弧线与背宽线的切点 m，以及侧缝线端点 u。

袖窿弧线的前、后弧度依据人体结

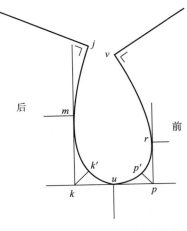

图2-20　女西装基础型绘制（袖窿弧线）

构特征设定，即前袖窿弧度略大于后袖窿弧度。为了准确绘制前、后袖窿弧线的弧度，须确定相应的弧度支撑点。在袖窿深线上的点 k、点 p 的对角线上确定前、后袖窿弧线的支撑点，即点 k'、点 p'，其距离与相应号型有关。例如，当胸围为 80~92cm 时，kk' 约为 3.2cm，pp' 约为 2.3cm。但是，当胸围达到或超过 97cm 时，需要调整这两个数据，如胸围为 97~102cm 时，点 k' 距点 k 约 3.7cm，点 p' 距点 p 约 2.8cm。

袖窿弧线是将各个定位点、支撑点连接成的一条平顺弧线，在绘制过程中须注意弧线在不同定位点上的角度和弧度。例如，袖窿弧线上的点 j、点 v 处的结构线绘制与相应的前、后肩线连接处应该呈直角，以确保女西装基础型中的前、后肩线缝合时袖窿弧线是平顺的。

> 注：袖窿弧线分为前、后袖窿弧线，弧线 j~u 为后袖窿弧线，弧线 v~u 为前袖窿弧线。

（二）袖窿弧线校对（图2-21）

将前、后肩线重合，检查和校对前、后袖窿弧线在肩端点的位置是否平顺，并及时调整。

经过结构绘制、袖窿弧线校对后，女西装基础型的结构基本绘制完成（图2-22）。

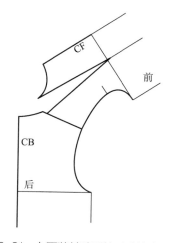

图2-21　女西装基础型校对（袖窿弧线）

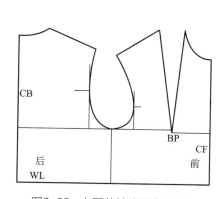

图2-22　女西装基础型绘制完成

五、绘制撇胸

（一）撇胸原理

撇胸是西装的标志性结构，主要用于塑造胸腔骨骼凸起形成的驳头结构。男、女人体因胸腔骨骼凸起，绘制结构时胸围线至颈部之间的 CF 直线都须倾斜一定的量，即撇胸量。因女性人体的特征，女西装的撇胸结构有特殊性，表现为女西装基础型中的胸省量由两部分组成，一部分是女性乳房凸起量，另一部分是胸腔骨骼结构形成的凸起量，即女西装撇胸量（图 2-23）。

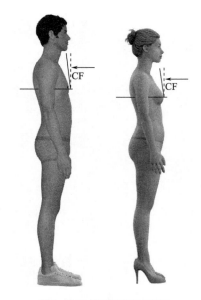

图2-23　撇胸原理示意图

（二）绘制撇胸

在女西装基础型中，胸省量由撇胸量和乳房凸起量两个部分组成，须明确其撇胸量，以塑造女西装驳头结构。自 BP 点画水平线与 CF 相交，剪开此线段。以 BP 点为圆心，剪开的线段长度为半径，向 CB 方向旋转 1cm，即撇胸量（图 2-24）。

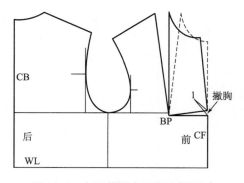

图2-24　女西装基础型绘制（撇胸）

第三章

女西装结构与设计

本章通过研究款式 A、款式 B 两个个案，针对女西装不同结构部位，对比讲解各个知识点内容。同时，结合虚拟人体展示或坯布样衣试穿等立体形式，解读女西装平面结构与人体之间的对应关系。

第一节 ▶▶▶

如何定位女西装结构

一、肩结构

（一）人体肩结构

肩线是分割服装前、后衣片的结构线之一。在确定女西装肩线结构前，须分析和了解人体肩结构的特征。从虚拟人体的侧面观察，人体的肩端点略微前倾（图 3-1）。

（二）肩线定位——款式 A（图 3-2）

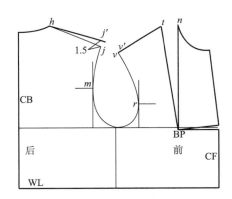

图3-1　人体肩结构

垫肩

图3-2　肩线定位——款式A

1. 肩斜调整

根据款式 A 中垫肩的厚度调整肩线倾斜度，将女西装基础型中点 j 垂直向上 1.5cm 处的点 j' 与点 h 相连为后肩线基准线。

2. 后肩线长度确定

在后肩线基准线上确定款式 A 的后肩线长度。款式 A 是较合体的女西装，其肩与袖的关系是"袖包肩"。因此，肩线的长度须略小于女西装基础型的肩线长度，即 $hj' = hj - 0.5$cm。

3. 前肩线长度确定

前肩线长度 = 后肩线长度 -0.5cm，即 $tv' = hj' - 0.5$cm。

（三）肩线定位——款式 B（图 3-3）

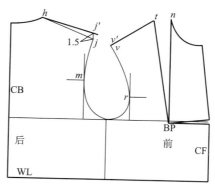

图3-3 肩线定位——款式B

1. 肩斜调整

根据款式 B 中垫肩的厚度调整肩线倾斜度。将女西装基础型提取出来，将点 j 向上 1.5cm 处的点 j' 与点 h 相连为后肩线基准线。

2. 后肩线长度确定

在后肩线基准线上确定款式 B 的后肩线长度。款式 B 是较宽松的女西装，其肩线长度 $hj' = hj$。

3. 前肩线长度确定

前肩线长度 = 后肩线长度 -0.5cm，即 $tv' = hj' - 0.5$cm。

（四）肩线绘制

女西装肩线呈肩端点略向前倾的弧线，在后肩线中点处向下绘制 0.5cm 的垂线，确定凹形弧线的支撑点，与后肩线的两个端点相连为后肩弧线。三等分前肩线，在近肩端点的等分点处画约 0.2cm 的垂线，确定前肩凸形弧线支撑点，分别与前肩线的两个端点相连为前肩弧线（图 3-4）。

二、袖窿结构

（一）袖窿结构绘制——款式 A

依据款式 A 合体结构的特点绘制袖窿结构（图 3-5）。

1. 绘制袖窿深线

沿点 u 垂直向下 0.5cm 定位点 u'，即 $uu'=$ 0.5cm，经点 u' 画水平线，即款式 A 的袖窿深线。

2. 确定背宽定位点

由女西装基础型背宽线向上作垂线与点 j' 的水平线相交，向下与袖窿深线相交于点 k''，这段距离的中点 m' 是背宽定位点。

3. 确定袖窿弧线支撑点

以胸围为 87cm 为例，由袖窿深线与背宽线相交的点 k'' 向袖窿方向绘制对角线，确定后袖窿弧线支撑点，即 $k''k'=3.2$cm。同理，可确认前袖窿弧线支撑点，即 $p''p'=2.3$cm。

4. 绘制袖窿弧线

连接点 j'、点 m'、点 k'、点 u'、点 p'、点 r、点 v'，即款式 A 的袖窿弧线。须注意，袖窿弧线应结构平顺，并且前肩端点 v' 和后肩端点相交处 j' 所在角呈直角。

（二）袖窿结构绘制——款式 B

款式 B 是较宽松的女西装，其袖窿深和胸围都须在女西装基础型上加量，即袖窿深加大 1.2cm，半胸围加大 0.5cm（图 3-6）。

1. 绘制袖窿深线

款式 B 的袖窿深线须从深度和围度两个方面调整。一方面，将侧缝线分割，其间距即半胸围的加量 0.5cm。另一方面，在点 u 垂直向下 1.2cm 处画水平线，即款式 B 的袖窿深线。

2. 确定背宽定位点

款式 B 的半胸围松量 0.5cm 分别加在背宽和前宽上。背宽加量 0.3cm，即点 m 的垂线向 CF 方向平移 0.3cm，与袖窿深线交于点 k'' 的垂线即背宽线。点 k'' 向上画

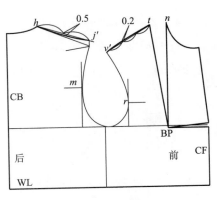

图3-4 肩线绘制

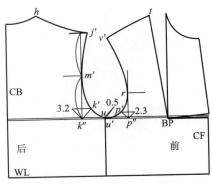

图3-5 款式A袖窿结构绘制

垂线与点 j' 所在水平线相交，这一间距的中点 m' 是背宽定位点。

3. 确定前宽定位点

前宽加量 0.2cm，即点 r 的垂线向 CB 方向平移 0.2cm，与袖窿深线交于点 p'' 的垂线即背宽线。

点 r 垂直向下 0.2~0.3cm 处画水平线，与点 p'' 垂线的交点 r' 即前宽定位点。

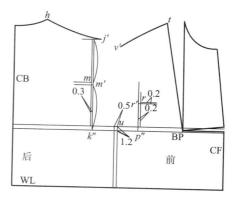

图3-6 款式B袖窿结构绘制（袖窿深线与定位点）

4. 绘制侧缝线（图 3-7）

点 u' 位于 $k''p''$ 间距的中点，经点 u' 画垂线与腰围线 WL 相交，即侧缝线。

5. 确定袖窿弧线支撑点

以胸围为 87cm 为例，由袖窿深线与背宽线相交的点 k'' 向袖窿方向绘制对角线，$k''k'$=3.2cm，点 k' 即后袖窿弧线支撑点。同理，$p''p'$=2.3cm，点 p' 即前袖窿弧线支撑点。

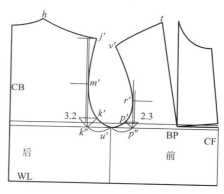

图3-7 款式B袖窿结构绘制（侧缝线与袖窿弧线）

6. 绘制袖窿弧线

连顺点 j'、点 m'、点 k'、点 u'、点 p'、点 r'、点 v'，即款式 B 的袖窿弧线。袖窿弧线应结构平顺，且前、后肩端点相交处呈直角。

第二节 ▶▶▶

如何绘制女西装纵向结构

一、腰围线定位

（一）腰围线定位原理

图 3-8 中竖直的虚线和水平的虚线分别对应基础型中的后中心线（CB）和腰

围线（WL）。当女西装有腰省时，原本竖直的后中心线须旋转为等长的斜线实现腰省量。很明显，斜线上的腰围线端点高于水平线。因此，有腰省的女西装，腰围水平线 WL 须有一定起翘量。

（二）腰围线绘制

依据女性人体特征以及腰臀曲线合体度，通常腰围线的起翘量是 0.8~1.5cm。款式 A 结构较合体，ff'=1.2cm（图 3-9）。

款式 B 结构较宽松，ff'=0.8cm（图 3-10）。

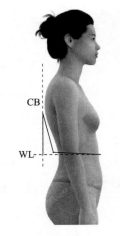

图3-8　腰围线定位原理

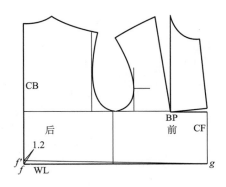

图3-9　款式A腰围线绘制

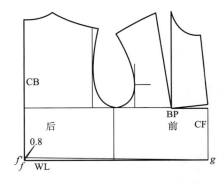

图3-10　款式B腰围线绘制

二、衣长线定位

（一）款式 A 衣长线定位（图 3-11）

依据臀围线（Hip Line，HL）定位衣长线。

1. 绘制臀围线

由点 g 沿 CF 向下量至腰臀高位置 g' 处画一条水平线，即臀围线。

2. 确定后中衣长定位点

臀围线与侧缝线相交于点 y。由点 y 沿侧缝垂线向上 2cm 确定点 y'，点 y' 所在水平线与 CB 相较于点 z，即后中衣长定位点。

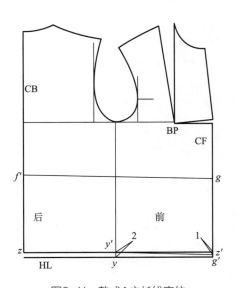

图3-11　款式A衣长线定位

3. 确定前中衣长定位点

点 z 所在水平线与 CF 的交点垂直向下 1cm 确定点 z'，即前中衣长定位点。

4. 绘制底边基准线

连接 $z\sim y'\sim z'$，即款式 A 的底边基准线。

（二）款式 B 衣长线定位（图3-12）

依据款式 B 的衣长数据，在后中心线上确定衣长。

1. 绘制臀围线

由点 g 沿 CF 向下在腰臀高位置画一条水平线，即臀围线。

2. 确定后中衣长定位点

由后中心线点 b' 沿垂线向下画款式 B 衣长，至点 z，即为后中衣长定位点。点 z 的水平线与侧缝线相交于点 y'。

3. 确定前中衣长定位点

点 z 的水平线与 CF 的交点沿垂线向下 1cm 确定点 z'，即为前中衣长定位点。

4. 绘制底边基准线

连接 $z\sim y'\sim z'$，即款式 B 的底边基准线。

三、三开身结构基准线定位

女西装三开身结构的基准线依据女西装基础型前面、后面、侧面的宽度定位，以款式 A 为例讲解三开身基准线的定位（图 3-13）。

1. 绘制后中心线基准线

CB 即后中心线基准线。

2. 绘制后侧缝线基准线

后侧缝线是分割后片和腋下片的结构

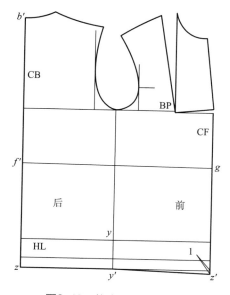

图3-12 款式B衣长线定位

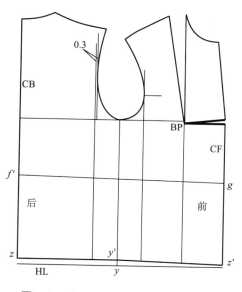

图3-13 女西装三开身结构基准线定位

线。将背宽线向CB方向平移0.3cm，向下作垂线，分别与$f'g$和底边基准线相交，此垂线即后侧缝线基准线。

3. 绘制前侧缝线基准线

前侧缝线是分割前片和腋下片的结构线。从前宽线向下作垂线，分别与袖窿深线、$f'g$ 和底边基准线相交，此垂线即前侧缝线基准线。

4. 绘制前腰省基准线

由女西装基础型中的 BP 点垂直向下作垂线，分别与$f'g$、底边基准线相交，此垂线即前腰省基准线。

四、纵向分割线定位

（一）人体结构特征与腰省量分配

人体结构是复杂的，在塑造合体的腰臀曲线时须充分考虑人体的结构特征。通过观察虚拟模特的侧面、前侧面、后侧面，可以发现人体躯干对应的女西装结构的不同部位分配的腰省量是不同的（图 3-14）。

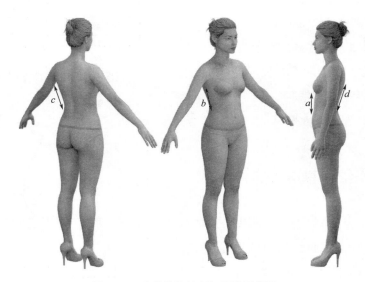

图3-14 人体结构特征与腰省量分配

1. 前腰省

从侧面观察，胸腔骨骼凸起至腰围线之间的腰省量较小，命名为前腰省 a。

2. 后中腰省

从侧面观察，人体肩胛骨至腰围线间分配的腰省量较大，命名为后中腰省 d。

3. 前侧缝腰省

从前侧面观察，前侧缝线处分配的腰省量大于 a，但小于 d，命名为前侧缝腰省 b。

4. 后侧缝腰省

从后侧面观察，后侧缝线处分配的腰省量最大，命名为后侧缝腰省 c。

综上，女西装结构中的腰省量应依据人体结构特征进行分配，即 $c>d>b>a$。

（二）纵向分割线定位——腰省

1. 款式 A 腰省定位（图 3-15）

（1）腰省量分配：腰省用于塑造合体的腰臀曲线结构，其省量设计须考虑款式廓型特点以及松量需求等因素。款式 A 具有腰臀曲线较为明显的结构特征，以及考虑到试穿者 Helen 的年龄等因素，其点腰省量计算公式为：总腰省量 = 87cm（胸围）+10cm（胸围松量）-74cm（腰围）-10cm（腰围松量）=13cm。因此，在款式 A 的结构制图中，前、后片分配的腰省量计算公式为：腰省量 =13cm（总腰省量）/2 =6.5cm。依据女性人体结构特征，分配各个部位的腰省量，即前腰省 =0.5cm、前侧缝腰省 =1.5cm、后中腰省 =2cm、后侧缝腰省 =2.5cm。

（2）腰省定位：以 BP 点向下作的垂线与 $f'g$ 的交点为中点，在 $f'g$ 上等分 0.5cm 省量确定两个定位点，即前腰省定位点。前侧缝线基准线沿 $f'g$ 向 CB 方向 1.5cm 的定位点，即前侧缝腰省定位点。后侧缝线基准线沿 $f'g$ 向 CB 方向 2.5cm 的定位点，即后侧缝腰省定位点。由点 f' 沿 $f'g$ 向侧缝线方向 2cm 的定位点，即后中腰省定位点。

2. 款式 B 腰省定位（图 3-16）

（1）腰省量分配：款式 B 具有较为宽松的结构特征，其总腰省量计算公式为：总腰省量 =87cm（胸围）+10cm（胸围松量）+1cm（款式松量）-74cm（腰围）-14cm（腰围松量）=10cm。因此，在款式 B 的结构制图中，前、后片分配的腰省量计算公式为：腰省量 =10cm（总腰省量）/2 =5cm。依据女性人体结构特征，分配各个部位的腰省量，即前腰省 =0，前侧缝腰省 =1.2cm，后中腰省 =1.6cm，后侧缝腰省 =2.2cm。

（2）腰省定位：前侧缝线基准线沿 $f'g$ 向 CB 方向 1.2cm 的定位点，即前侧缝腰省定位点。后侧缝线基准线沿 $f'g$ 向 CB 方向 2.2cm 的定位点，即后侧缝腰省定位点。由点 f' 沿 $f'g$ 向侧缝线方向 1.6cm 的定位点，即后中腰省定位点。

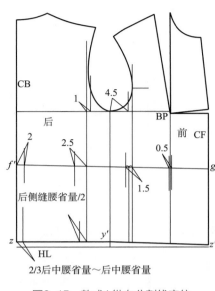

图3-15 款式A纵向分割线定位

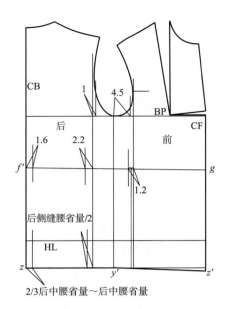

图3-16 款式B纵向分割线定位

（三）纵向分割线定位——袖窿（图 3-15、图 3-16）

1. 前侧缝线基准线与袖窿弧线交点定位

在款式 A、款式 B 的结构中，自前侧缝线基准线沿袖窿深线向 CF 方向平移约 4.5cm 作垂线与袖窿弧线相交的点（平移 4.5cm 的量是依据 Helen 的胸围 87cm 确定的。当试穿者的胸围大于或小于 87cm 时，可适当调大或调小这个量）。

2. 后侧缝线基准线与袖窿弧线交点定位

在款式 A、款式 B 的结构中，自后侧缝线基线准线沿袖窿深线向 CF 方向平移约 1cm 作垂线与袖窿弧线相交的点（平移 1cm 的量是依据 Helen 的胸围 87cm 确定的。当试穿者的胸围大于或小于 87cm 时，可适当调大或调小这个量）。

（四）纵向分割线定位——底边（图 3-15、图 3-16）

1. 后中基准线与底边基准线交点定位

在款式 A、款式 B 的结构中，自点 z 向侧缝方向移动 2/3 后中腰省量~后中腰省量，即后中基准线在底边基准线上的定位点。

2. 后侧缝线基准线与底边基准线交点定位

在款式 A、款式 B 的结构中，自后侧缝线基准线向 CB 方向移动后侧缝腰省

量 /2，得到后侧缝线基准线在底边基准线上的定位点。

3. 前侧缝线基准线与底边基准线交点定位

在款式 A、款式 B 的结构中，由前侧缝腰省定位点与前侧缝基准线和腰点的交点之间的中点向下画垂线，与底边基准线相交的点，即前侧缝线基准线在底边基准线上的定位点。

第三节 ▶▶▶

如何绘制女西装曲线结构

一、女性人体腰臀曲线分析

女性人体腰臀曲线的结构整体表现为外凸的弧线。这段弧线由两段不同倾斜度的线段组成，即以腰臀间居中的水平位置为分割线，上面的线段呈更加倾斜的角度，下面的线段则呈较接近垂直的角度。在女西装结构设计中，须依据女性人体腰臀曲线的结构特点绘制纵向分割线（图 3-17）。

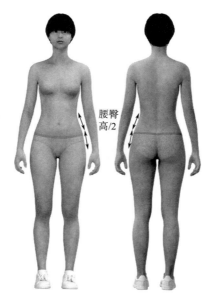

图3-17　女性人体腰臀曲线结构

二、三开身结构绘制

（一）款式 A 三开身结构绘制（图 3-18）

1. 绘制后中心线

依据以下四个定位点绘制后中心线。第一个定位点即后中基准线（CB）与后领窝弧线的交点，如需后中心线表现得更为合体，可将这一定位点沿后领窝弧线移动 0.2cm 定位。第二个定位点在后中基准线上，即第一定位点至袖窿深线间的中点，约人体肩胛骨位置。第三个定位点即腰省定位点。第四个定位点即底边定位点。将各个定位点连接为平顺的线段，且与底边线相交处呈直角，即后中心线。

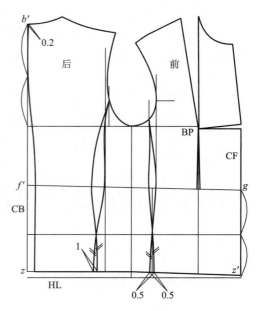

图3-18　款式A三开身结构绘制

注：依据女性人体背部的结构特征，第一、第二、第三定位点连接的线段呈 S 形弧线。

2. 绘制后侧缝线

款式 A 的后侧缝线由后片侧缝线和腋下片后侧缝线组成。

（1）后片侧缝线：将袖窿弧线定位点、腰省定位点和底边定位点用弧线连接平顺。

（2）腋下片后侧缝线：腋下片后侧缝线在底边线上与后片侧缝线有交叠量，这一交叠量与衣长以及下摆围结构设计有关。依据款式 A 较为合体，以及衣长接近臀围线的结构特点，交叠量设计约为 1cm，即自底边定位点沿底边基准线向 CB 方向 1cm 确定定位点。将袖窿弧线定位点、腰省定位点和底边交叠量定位点用弧线连接平顺。

注：绘制两条结构线时，近袖窿弧线定位点的一段弧线弧度较饱满，自腰省定位点至底边定位点的部分表现为凸凹结合的 S 形结构，可通过绘制腰臀高间距中点的水平线，定位其由凹转凸的弧线位置。

3. 绘制前侧缝线

款式 A 的前侧缝线由前片侧缝线和腋下片前侧缝线组成。两条结构线在底边线上有 1cm 交叠量，即前侧缝腰省的中点垂线与底边基准线相交，其交点向 CB 和 CF 方向各约 0.5cm 确定定位点。将两条结构线的袖窿弧线定位点、腰省定位点和底边交叠量定位点用弧线连接平顺。

> ✂ 注：两条结构线自袖窿弧线端点至腰省定位点之间的弧线较为平顺，腰臀间的曲线绘制方法同后侧缝线。

4. 确定对位点（图3-19）

（1）肩线对位点确定：前、后肩颈点各沿前、后肩线 2cm 位置定位，前、后肩端点各沿前、后肩线 1cm 位置定位。

（2）后中心线对位点确定：在后中腰省定位点位置定位。

（3）后侧缝线对位点确定：在后片侧缝线、腋下片后侧缝线上设置相对应的对位点。具体包括：分别在两条结构线自袖窿弧线端点向下约 3cm 位置定位，腰省定位点位置定位，以及自腰省定位点向上 9~10cm 位置定位。

（4）前侧缝线对位点确定：在前片侧缝线、腋下片前侧缝线上的腰省定位点位置确定对位点。

款式 A 的三开身结构由前片、腋下片、后片组成，在各个结构样片上标注相应的对位点以及纱向（图3-20）。

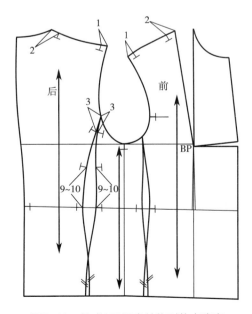

图3-19　款式A三开身结构对位点确定

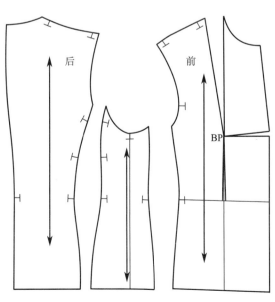

图3-20　款式A三开身结构样片

（二）款式 B 三开身结构绘制（图 3-21）

1. 绘制后中心线

绘制方法与款式 A 一致。

2. 绘制后侧缝线

款式 B 的后侧缝线由后片侧缝线和腋下片后侧缝线组成，其绘制方法与款式 A 一致。但是，因款式 B 较宽松和衣长较长的结构特点，两条结构线在底边线的交叠量有所调整，约为 1.5cm（1cm+0.5cm）。

3. 绘制前侧缝线

款式 B 的前侧缝线由前片侧缝线和腋下片前侧缝线组成，其绘制方法与款式 A 一致。同样，因款式 B 的结构特点，两条结构线在底边线的交叠量较大，为 1.5~2cm。

4. 确定对位点

款式 B 中的对位点确定方法与款式 A 基本一致，但须结合款式 B 的后片结构中后中心线处有开衩设计，因此需要自后中腰省对位点沿后中心线向下约 6cm 确定开衩对位点（图 3-22）。

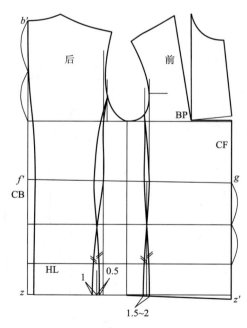

图3-21 款式B三开身结构绘制

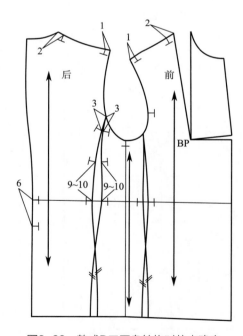

图3-22 款式B三开身结构对位点确定

款式 B 的三开身结构由前片、腋下片、后片组成，在各个结构样片上标注相应的对位点以及纱向（图 3-23）。

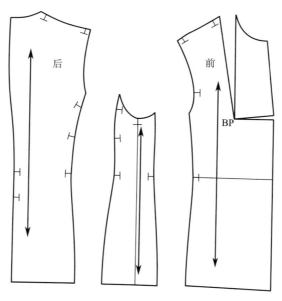

图3-23 款式B三开身结构样片

三、差异化腰臀曲线绘制

（一）差异化腰臀结构分析

腰臀结构是指人体腰臀之间的结构曲线。女性标准人体体型的腰围与臀围的尺寸有一定比例关系，以虚拟模特 Helen 的尺寸为例，胸围 87cm 对应的腰围为 74cm。因此，依据女西装基础型完成的纵向分割结构能够满足标准腰臀比例的人体曲线结构。

但是，当臀围大于标准体型数据时，如胸围为 87cm 的体型中，有的人臀围达到 102cm，须依据实际测量的臀围数据进行调整。

（二）差异化腰臀结构调整与曲线绘制

以款式 A 为例确定臀围的加量，即底边加量 =［102cm（新臀围）-92cm（标准体臀围）］/2=5cm。依据女性人体结构特征，前侧缝底边加量略小，即 2.3cm，而后侧缝底边加量略大 2.7cm（图 3-24）。

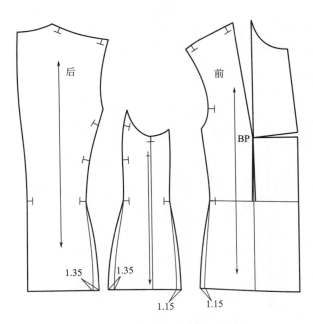

图3-24　差异化腰臀曲线绘制

第四节 ▶▶▶

如何管理省结构

一、省结构管理——款式A

（一）驳口线、袋位定位

1. 驳口线定位

依据扣位确定驳口线起点。在款式A结构图中，第一个扣眼位在点 g 沿CF向上约3cm位置，驳口线起点在第一个扣眼位沿CF向上0.5cm位置。双扣间距约9cm，沿CF向下确定第二个扣眼位（图3-25）。

2. 袋位定位

由第二个扣眼位向上1cm画一条水平线，从腰省顶点向下作垂线与该水平线相交。近CF的交点沿水平线向CF方向1.5cm处确定袋口的端点，袋口端点沿水平线向侧缝线方向14cm处绘制点位，并作垂线。依据款式A的结构，沿垂线向上1cm，确定袋口另一个端点。连接袋位的两个端点，即袋口结构线（图3-26）。

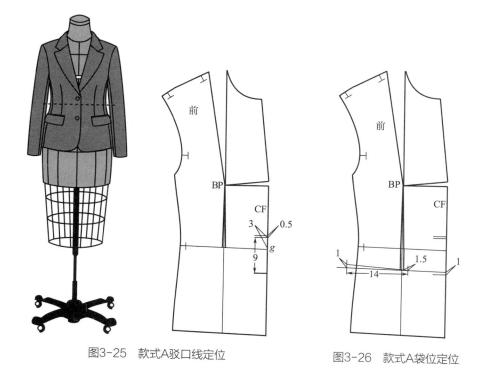

图3-25 款式A驳口线定位

图3-26 款式A袋位定位

（二）胸、腰省管理（图3-27）

1. 裁剪袋口结构线

沿袋口结构线剪开，靠近CF的袋位端点为省端点。

2. 胸省转移

将BP点以上的结构合并，其省量转移至前腰省。前侧缝线被分割为上侧缝线、下侧缝线。

3. 绘制新的前侧缝线

依据腰省量，分别将上、下侧缝线与袋口结构线的交点沿各自袋口结构线向侧缝线方向拉展、收缩腰省量/2定位，依据新定位的端点，将上、下侧缝线连接并修顺。

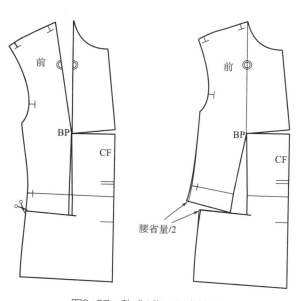

腰省量/2

图3-27 款式A胸、腰省管理

4. 撇胸管理

女西装基础型中的撇胸量是基本的省量，撇胸量还须依据款式中驳口线的位置进一步确定。款式 A 的驳口线经过胸部凸起的位置，而胸围凸起至前中心线之间呈凹凸形态，需要一定的省量来塑造。因此，须多加 0.5cm 的撇胸量（图 3-28 ）。

图3-28　款式A撇胸省量

（三）领省管理

1. 驳头定位（图 3-29）

（1）驳口线：CF 向右 2cm 的平行线与驳口线起点所在水平线的交点，是驳口线的一个端点。连接前肩的两个端点为直线，向 CF 方向延长 2cm，是驳口线另一个端点。将两个端点相连，为驳口线。

（2）领口：依据款式 A 的结构，领口深线约为 6cm，其倾斜度约与驳口线相同。自领口深线端点向下画斜度约为 15° 的线段，长度约 12cm，即串口线。

（3）驳头宽：在驳口线上画一条约 7.7cm 的垂线，且端点与串口线相交，此垂线即驳头宽。

2. 驳领、领省定位

领省是撇胸量转移至领口的省，领省位于翻折至衣身的驳领结构能够覆盖的范围内。

（1）驳头止口线：将串口线与驳头宽的交点，以驳口线为对称轴，对称至前片衣身结构，并将这一交点与驳口线起点相连。依据款式A的结构，绘制一条弧度略向外凸的驳头止口线。

（2）领省定位：依据两个方面定位。一方面，翻折至衣身的驳领结构能够覆盖领省。另一方面，领省省尖须尽量接近BP点，以塑造女性人体胸部的凸起形态，即撇胸量。领省约位于驳口线与驳头止口线居中的位置，其省尖位于BP点水平线以上约5cm位置。

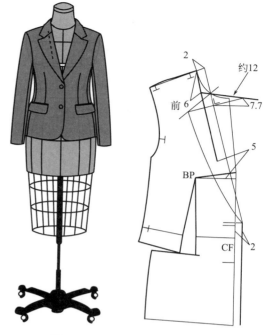

3. 领省绘制

图3-29　款式A驳领、领省定位

（1）领省省量：将BP点与领口深端点相连，合并款式A的撇胸省，将省量转移至领口，并测量新形成的省量（图3-30）。

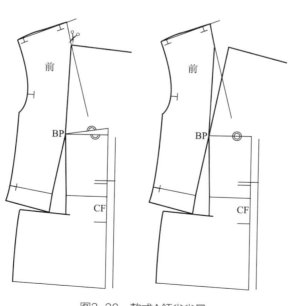

图3-30　款式A领省省量

（2）领省绘制：将领省打开新形成省量的约2/3，即2cm。将打开的省端点与串口线端点相连，即款式 A 的串口线（图 3-31）。

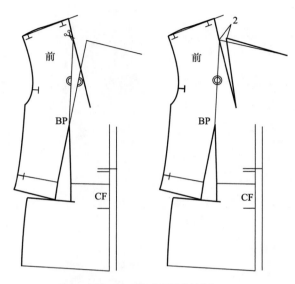

图3-31　款式A领省绘制

4. 驳口线省

管理撇胸的目的就是塑造符合胸部凸起的驳口线。将领省省尖与驳口线起点相连，为驳口线省的结构线。合并领省，将省量转移至驳口线。将肩线的两个端点用直线相连，并向 CF 方向延长 2cm 确定端点，与驳口线省的端点相连，即符合女性胸部凸起量的驳口线（图 3-32）。

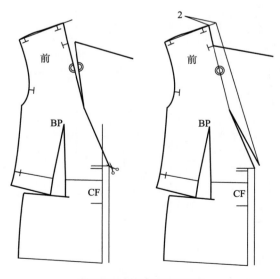

图3-32　款式A驳口线省

（四）前片细节（图3-33）

1. 前腰省省尖

将 BP 点与前腰省量的中点相连作为基准线，沿 BP 点这条基准线向下 2~2.5cm 处确定新的省尖，并分别与省的两个端点相连，即前腰省结构线。

2. 圆摆止口

（1）底边基准线定位：将前片底边基准线与 CF 的交点沿 CF 向下 1cm 确定定位点，并与侧缝线上的交点相连为圆摆止口的底边线，在近 CF 约 6cm 位置确定圆摆止口在底边线上的定位点。

（2）前襟止口定位：两个扣眼位间距中点的水平线与前襟止口基准线的交点，即前襟止口定位点。

（3）绘制圆摆止口弧线：连接两个定位点，并调整为分别与前襟止口和底边线交接处平顺的圆摆弧线。

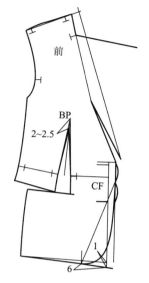

图3-33 款式A前片细节

二、省结构管理——款式 B

（一）胸省管理

1. 转移为侧缝省、袖窿省

袖窿弧线端点沿侧缝线向下约 5cm 的点与 BP 点相连，即侧缝省结构线。合并胸省，将其省量转移为侧缝省（图3-34）。

款式 B 的前片是无省结构设计，为了在合体需求与无省结构间取得平衡，可将一部分胸省省量转移至袖窿处。将袖窿弧线对位点与 BP 点相连即袖窿省的结构线，剪开并向底边方向打开 0.5cm，即袖窿省省量。将袖窿弧线与侧缝线的交点、袖窿弧线对位点、肩端点连接为弧线，即省量转移后的款式 B 前片袖窿弧线（图3-35）。

2. 转移为底边省

由 BP 点向下作垂线与底边线相交的线段，即底边省的结构线。合并侧缝省，将省量转移至底边（图3-36）。

3. 确定前片侧缝线

在转移至底边省的侧缝线与原前片侧缝线之间约居中位置，定位款式 B 的前片侧缝线。依据款式 B 原前片侧缝线的长度和对位点，确定省量转移后的前片侧缝线的长度和对位点（图3-37）。

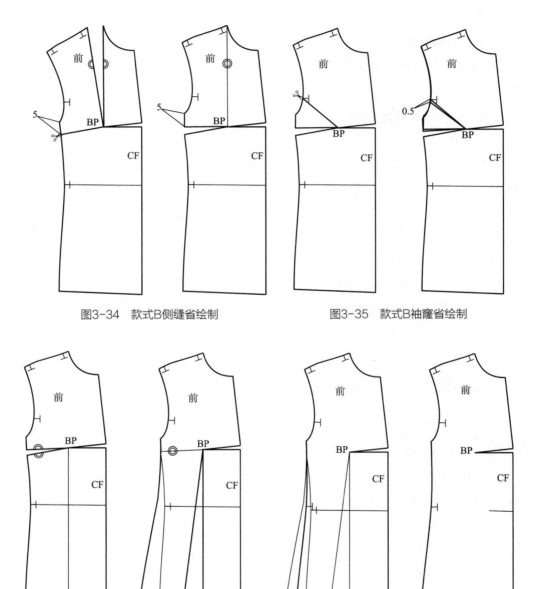

图3-34 款式B侧缝省绘制　　　　图3-35 款式B袖窿省绘制

图3-36 款式B底边省绘制　　　　图3-37 款式B前片侧缝线确定

（二）撇胸管理

1. 扣眼位定位（图3-38）

（1）确定前襟止口：款式 B 为双排扣，扣眼间距10cm，CF 至扣眼的距离为

5cm。依据扣子直径为 2cm，确定扣子距前襟止口 2cm。因此，自 CF 向右平移 7cm 所作的垂线，即前襟止口线。

（2）确定驳口线起点：BP 点以下 1cm 水平线与前襟止口的交点。

（3）确定扣眼位：驳口线下 0.8cm 处水平线与前襟止口的交点，即第一个扣眼位。三个扣眼位间距为 10cm。

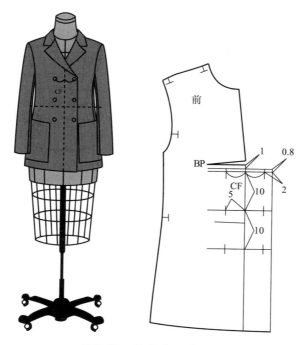

图3-38　款式B扣眼位定位

2. 撇胸量

在款式 B 中，驳口线起点位于 BP 点以下 1cm 处，撇胸量无须调整。

3. 驳领定位（图 3-39）

（1）驳口线：连接前肩的两个端点为直线，并向 CF 方向延长 2cm 为驳口线端点，将这一端点与驳口线起点相连，为驳口线。

（2）领口：依据款式 B 的结构，领口深线长 4cm，其倾斜度与驳口线相同。自领口深线端点向下画斜度约为 35° 的线段，长度约 12cm，即串口线。

（3）驳头宽：在驳口线上画一条约为 7.5cm 的垂线，且端点与串口线相交，此垂线即驳头宽。

（4）驳头止口线：以驳口线为对称轴，将串口线与驳头宽的交点，对称至前片衣身结构，并将这一交点与驳口线起点相连。依据款式 B 的结构，绘制驳头止口线。

4. 领省定位与绘制

在款式 B 中，撇胸量须转移至被驳领结构覆盖的领省。

（1）领省定位：领省约位于驳口线与驳头止口线居中的位置，其省尖位于 BP 点所在水平线以上约 5cm 位置（图 3-39）。

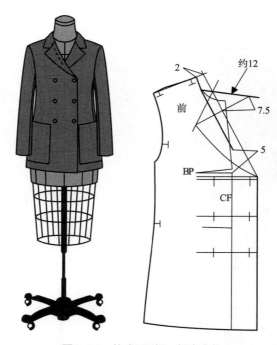

图3-39　款式B驳领、领省定位

（2）领省省量：将 BP 点与领口深浅端点相连，将撇胸量转移至领口，并测量新形成的省量（图 3-40）。

（3）领省绘制：将领省打开新形成省量的 2/3，约为 2.3cm。将打开的省端点与驳口线端点相连，即款式 B 的串口线（图 3-41）。

5. 驳口线省

将领省省尖与驳口线起点相连为驳口线省结构线，合并领省，将省量转移至驳口线。将肩线的两个端点用直线相连，并向前襟止口方向延长

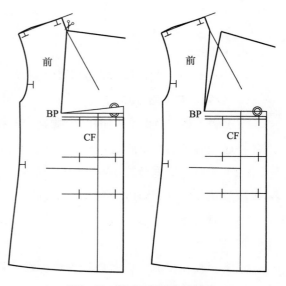

图3-40　款式B领省省量转移

2cm 确定端点，与驳口线省的端点相连，即款式 B 的驳口线（图 3-42）。

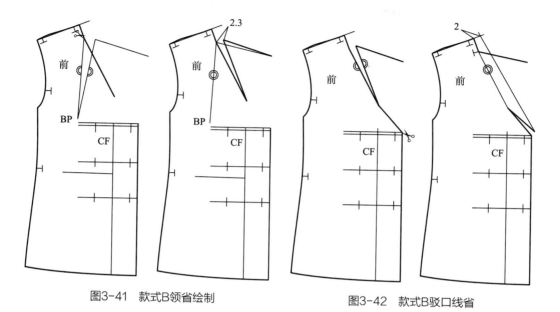

图3-41　款式B领省绘制　　　　　图3-42　款式B驳口线省

第五节 ▶▶▶

如何演绎鱼嘴结构

一、鱼嘴结构——款式 A

（一）鱼嘴结构分析

在款式 A 的鱼嘴结构中，鱼嘴深度约为 6cm，鱼嘴角度约为 50°（图 3-43）。

（二）倒伏量

倒伏量是指领结构由前至后围裹人体颈部所需要的倾斜量。倒伏量通常有一定范围，为 2~2.5cm。倒伏量的确定与两个因素有关：一个因素是衣领贴合颈部的程度，越贴合颈部，倒伏量越大。另一个因素是驳口线的倾斜度，驳口线倾斜度越大，倒伏量越大。例如，相较于单排扣女西装，双排扣女西装的驳口线更为倾斜，

应设计较大的倒伏量。款式 A 是较为
典型的单排扣女西装，其衣领结构倒
伏量设计为 2.3cm。

1. 驳口线（图3-44）

将驳口线 $a'a$ 向上延长约 15cm，
并在这一线段上确定后领弧线长度，
即线段 ab。

2. 倒伏量定位

以点 a 为圆心，线段 ab 为半径，
向前襟方向旋转 2.3cm，得到线段 ab'，
并向上延长约 1.5cm 至点 c。

3. 后领中基准线

后领中基准线为垂直于驳口线 ac
的结构线。依据人体颈部结构，以及
西装这一服装品类的衣领结构特点等
因素，通常后领中线的宽度为 6~7cm。
款式 A 的后领中线长 6.5cm，且这一
长度经驳口线被分为领底宽 cd=2.8cm，
以及领面宽 ce = 3.7cm。

（三）鱼嘴结构绘制

1. 驳头宽

在驳口线上画一条约 7.7cm 的垂线，
即驳头宽，与串口线相交于点 h，即
gh=7.7cm。以驳口线为对称轴，反射串
口线 fh 为 $f'h'$，以及驳头宽线 gh 为 gh'。

2. 驳头止口线

依据款式 A 的驳领结构，连接线
段 h'~a' 为凸形的弧线，并向上延长约
0.3cm 至点 i'。

3. 鱼嘴深度

自点 h' 沿串口线确定鱼嘴深度，

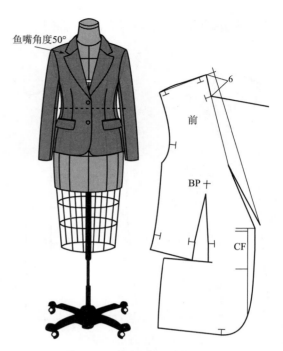

图3-43　款式A鱼嘴结构分析

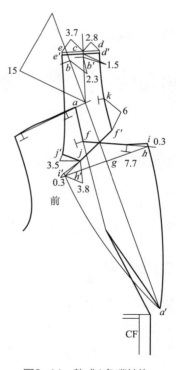

图3-44　款式A鱼嘴结构

即 $h'j$=3.8cm。

4. 驳领角度

将驳领领角适当向上一定的量，以塑造驳领领角平直的视觉效果，连接线段 ji'，即驳领领角结构线。

5. 鱼嘴角度

自点 j 画线段 $j'j = 3.8 - 0.3 = 3.5$cm，其与线段 ji' 之间的角度即鱼嘴角度，约 $50°$。

6. 衣领止口

连接 $e\sim j'$ 为弧线线段，并与线段 ed 成直角。

7. 领底结构线

与衣身后领窝弧线、前领深线缝合的结构线，连接 $f'\sim d$ 为弧线，并与线段 ed 成直角。自点 f' 沿弧线确定前领深对位点 k，即 $f'k = 6$cm。自点 k 沿弧线确定后领窝弧线线段 $k\sim d'$。

8. 后领中线

经点 d' 画线段 ed 的平行线，与衣领止口相交于 e'，即后领中线 $e'd'$。

（四）前片、衣领（图3-45）

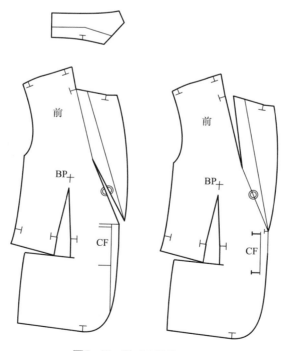

图3-45　款式A前片、衣领

1. 前片结构

将前片驳口线省合并，转移至领口，并标记对位点。

2. 衣领基础结构

将衣领结构从结构制图中分割出来，并标记对位点。

二、鱼嘴结构——款式B

（一）鱼嘴结构分析

在款式B的鱼嘴结构中，鱼嘴深度约为4.5cm，鱼嘴角度约35°（图3-46）。

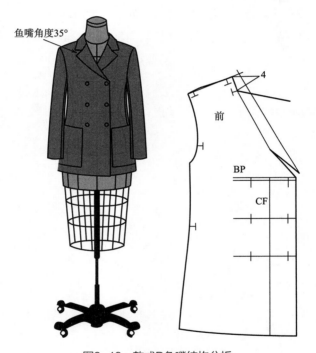

图3-46　款式B鱼嘴结构分析

（二）倒伏量

在款式B中，因双排扣驳口线的倾斜度较大，其衣领结构的倒伏量设计为2.5cm。

1. 驳口线（图3-47）

将驳口线 *a'a* 向上延长约15cm，并在这一延长线上确定后领弧线长度，即线段 *ab*。

2. 倒伏量定位

以点 *a* 为圆心，线段 *ab* 为半径，向前襟方向旋转2.5cm，得到线段 *ab'*，并向上延长约 1.5cm 至点 c。

3. 后领中基准线

垂直于驳口线 ac 的线段 ed，其长度为 6.5cm，其中，领底宽 cd=2.8cm，领面宽 ce=3.7cm。

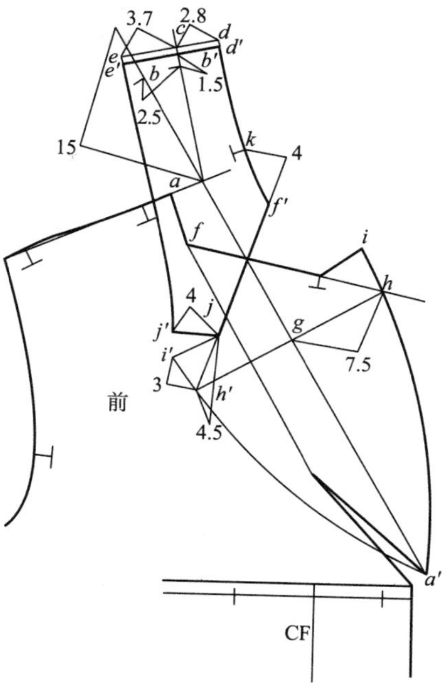

（三）鱼嘴结构绘制（图 3-47）

1. 驳头宽

在驳口线上画一条约 7.5cm 的垂线，即驳头宽，与串口线相交于点 h，即驳领宽线 gh=7.5cm。以驳口线为对称轴，反射线串口线 fh 为 $f'h'$，以及驳头宽线 gh 为 gh'。

2. 驳头止口线

依据款式 B 的驳领结构，连接线段 $h'\sim a'$ 为凸形的弧线，并向上延长 2~3cm。

图3-47　款式B鱼嘴结构

3. 鱼嘴深度

自点 h' 沿串口线确定鱼嘴深度，即 $h'j$ = 4.5cm。

4. 驳领角度

依据款式 B 的驳领结构，由点 h' 沿驳头止口线向上延长至点 i'，确定驳领向上戗的角度，连接线段 ji'，即驳领领角结构线，长度约为 4cm。

5. 鱼嘴角度

依据款式 B 的鱼嘴结构，自点 j 画线段 $j'j$ = 4-0.3=3.7cm，其与线段 ji' 之间的角度即鱼嘴角度，约 35°。

6. 衣领止口

连接线段 $e\sim j'$ 为弧线，并与线段 ed 呈直角。

7. 领底结构线

与衣身后领窝弧线、前领深线缝合的结构线，连接 $f'\sim d$ 为弧线，并与线段 ed 呈直角。自点 f' 沿弧线确定前领深对位点 k，即 $f'\sim k$ = 4cm。自点 k 沿弧线确定后领窝弧线长 $k\sim d'$。

8. 后领中线

经点 d' 画线段 ed 的平行线，与衣领止口线相交于点 e'，线段 $e'd'$ 即为后领中线。

（四）前片、衣领（图 3-48）

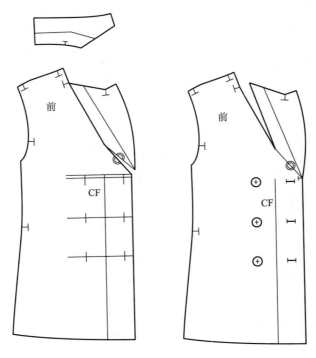

图3-48　款式B前片、衣领

1. 前片结构

将前片驳口线上的省合并，转移至领省，并标记对位点。

2. 衣领基础结构

将衣领结构从结构制图中分割出来，垂直放置于后中心线处，并标记对位点。

三、合体领结构

（一）款式 A

典型的女西装领结构由翻领和领座组成。这种合体领结构，能够无痕塑造人体颈部结构，其原因在于翻领和领座结构分割线位于驳口线至领底结构线之间。以款式 A 为例，合体领的结构绘制方法包括以下几个步骤。

1. 翻领、领座分割（图 3-49）

（1）分割线定位：将基础领结构中的驳口线修顺为弧线。驳口线与后领中线交点沿后领中线向下约 1cm 有一定位点，以及驳口线与串口线交点沿串口线向下约

1.5cm 有一定位点，依据驳口线弧度连接两个定位点为弧线，即为翻领、领座分割线。

（2）切展定位：在基础领结构中，由后领中线沿领底结构线 3cm 处定位，与领底结构线定位点之间的线段须进一步通过切展塑造符合人体颈部转折的结构，即四等分这一线段，并在等分点上作三条垂线。

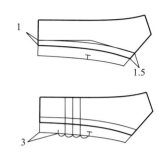

图3-49　款式A翻领、领座分割

2. 翻领结构（图 3-50）

在翻领结构中，连接三条垂线的中点，画一条水平线，并依次以各个垂线的中点为圆心，以垂线为直径，进行切展，即依次将翻领止口线向外展开约 0.12cm，同时，翻领分割线则向内重叠约 0.12cm。完成切展后，修顺翻领结构线。翻领止口线、翻领分割线两条线段分别与后领中线呈直角。

3. 领座结构

（1）领座基准线：沿后领中线测量分割线至领底结构线之间的距离，即为领座后中线长度。沿串口线测量分割线至领底结构线之间的距离，即为领座串口线长度（图 3-51）。

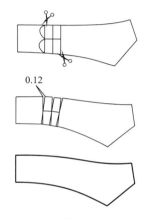

图3-50　款式A翻领结构

提取翻领结构，依据领座后中线长度在后领中线上定位，并画翻领分割线的平行线。依据领底结构线长度，确定这条平行线的长度，其端点与分割线端点相连，即为领座底边线（图 3-52）。

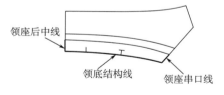

图3-51　款式A领座基准线确认1

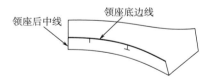

图3-52　款式A领座基准线确认2

（2）领座结构线：提取领座基准线，将其垂直翻转为领座底边线在下的形式。在后领中线沿领底结构线 3cm 处定位，将其与领底结构线定位点之间的线段四等分，并在等分点上作三条垂线（图 3-53）。

以三条垂线与领底结构线上的交点为圆心，各个垂线段的长为半径，依次切展约 0.15cm。修顺领底结构线为弧线，并与后领中线垂直。在领座串口基准线上确定长度为领座串口线长度＋0.3cm的端点，将这一端点与后领中线的端点相连为弧线（图3-54）。

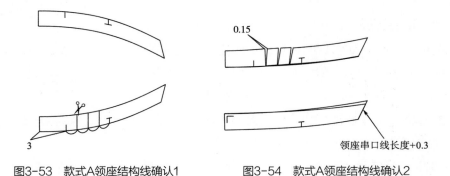

图3-53　款式A领座结构线确认1　　　　图3-54　款式A领座结构线确认2

4. 翻领、领座结构校验

校验翻领、领座结构时，领座分割线长度－翻领分割线长度＝0.2~0.3cm（图3-55）。

将翻领、领座结构沿后领中线对称打开，进一步校验各个水平结构线是否平顺（图3-56）。

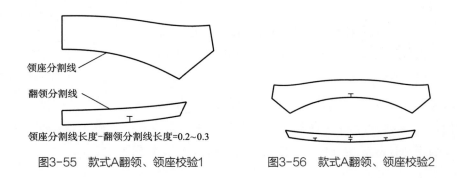

图3-55　款式A翻领、领座校验1　　　　图3-56　款式A翻领、领座校验2

（二）款式B（图3-57）

以款式B为例讲解另一种合体领结构，其绘制方法包括以下几个步骤。

1. 基础领结构

确认基础领结构的各个结构线是否绘制准确，包括后领中线是否垂直，衣领止口线与后领中线交点是否呈直角，领底结构线与后领中线交点是否呈直角等。

将基础领结构中的驳口线修顺为弧线。

2. 基础领结构对称展开

以后领中线为对称轴，将基础领结构对称展开，检查并确认衣领止口和领底结构线平顺。

3. 止口结构线

衣领止口经驳口线翻折至颈根部。人体颈部是上窄下宽的圆柱形结构，为了满足这一结构特征，衣领止口线须切展约 0.3cm，修顺切展后的衣领止口。

4. 领底结构线

修顺切展后的领底结构线，并确定相应的对位点。

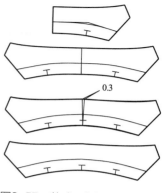

图3-57 款式B合体领结构绘制

第六节 ▶▶▶

如何评价女西装坯布样衣

一、坯布样衣成型

（一）衣身纸样

1. 切角

在纸样制作中，绘制两条相交的弧线结构线的缝份量时，须采用切角方法，使其交点的缝份量较准确地和对应的结构线缝合。以后片侧缝线缝份量为例，将后片侧缝线的结构净线向上延长至袖窿弧线的缝份线上，并画其交点的水平线，与后片侧缝线的缝份线相交，即构成切角。

2. 缝份

以款式 A 为例（图 3-58），后中心线缝份量为 1.5cm，底边线缝份量为 4cm，其他结构线的缝份量为 1cm（坯布样衣纸样中，使用款式 A 基础领结构）。

（二）驳口线嵌线

画一条距驳口线约 1.5cm 的平行线，将 BP 点所在水平线与驳口线平行线的交点，沿驳口线平行线分别向上、向下共 12~15cm 处定位（这一段距离用于实现驳口线上的隐形省量），标注上、下两个定位点的位置，靠近驳口线起点的点定为点 b，在驳口线上标注实现隐形省量的点 a，即 ba 为 0.5cm。将平行的点位标注在直丝嵌线上，分别为点 a' 和点 b'（图 3-59）。

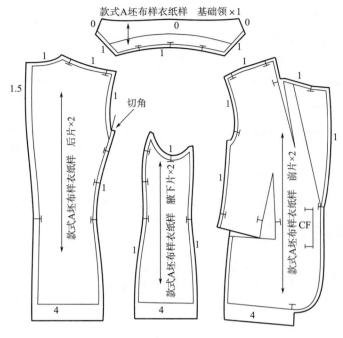

图3-58　款式A坯布样衣纸样

　　熨烫黏合嵌线近领口的定位位置。拉紧直丝嵌线以使点 a' 与点 b 重合，熨烫黏合嵌线至驳口线起点，然后将中间的嵌线均匀地黏合在驳口线的平行线上（图 3-60）。

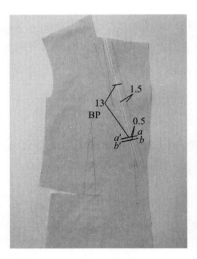

图3-59　驳口线嵌线1

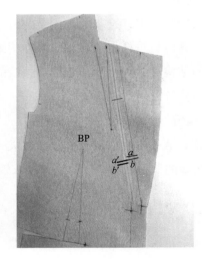

图3-60　驳口线嵌线2

（三）归和拔

　　"归"和"拔"是两种工艺操作手法，可以将平面的结构样片塑造成符合人体曲线结构的立体形态。归工艺处理的部位包括后中心线、前后侧缝线、前肩线等；拔工艺处理的部位包括前后侧缝线、后肩线等（图3-61）。

1. 前、后侧缝线须拔开的部分

后片、腋下片的腰省呈凹弧线形，须向外拔开为直线。

2. 前、后侧缝线须归拢的部分

后片、腋下片的腰围线至底边线间的结构呈凸弧线形，须归拢为直线，塑造符合人体臀部凸起形态的立体结构。腋下片的腰围线至袖窿线以上的结构也呈凸弧线形，须归拢为直线，塑造符合腋下凸起形态的立体结构。

3. 前肩线归拢

前肩线近肩端点的三等分处结构呈凸弧线，须归拢为直线，塑造人体前肩端点凸起的立体结构。

4. 后肩线拔开

后肩线结构呈凹弧线，须向外拔开为直线，塑造人体肩结构的厚度。

（四）嵌线

在工艺缝制中，嵌线起到给结构线定型的作用。嵌线主要分为直丝嵌线、子母嵌线。直丝嵌线多应用在直线结构上，包括领口线、前肩线、驳头止口线等；子母嵌线多应用在弧线结构上，包括袖窿弧线和圆摆止口线等。嵌线黏合时须覆盖结构净线内0.2cm位置。另外，子母嵌线应用在前袖窿弧线时，须预留一定的长度，以便进一步黏合缝合好的腋下片袖窿弧线（图3-62）。

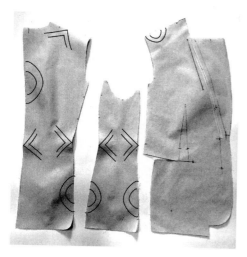

图3-61　归和拔

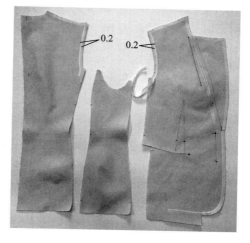

图3-62　嵌线

（五）前腰省

剪开袋口结构线至近前中心线的前腰省端点的部分，将前腰省结构线对齐并缉缝至省尖。修剪腰省结构线至折边线的间距约为0.8cm，劈缝和倒缝熨烫省结构线，并使用黏合衬将袋口黏合固定（图3-63）。

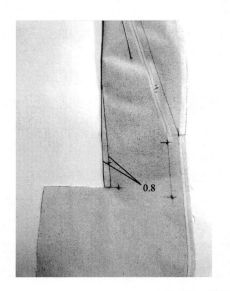
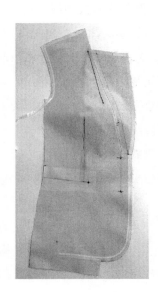

图3-63　前腰省

（六）前侧缝线

依据前侧缝线对位点将前片和腋下片缉合，劈缝熨烫，并将前片袖窿子母嵌线余量黏合在腋下片袖窿弧线上（图3-64）。

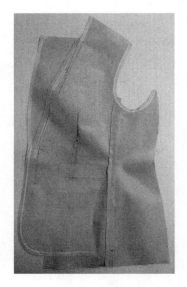

（七）合衣身

依据对位点缝合后侧缝线，将后片和腋下片连接起来，以及前、后肩线，并劈缝熨烫（驳领领角线和驳头止口线的1cm缝份折向正面扣烫，前襟和圆摆止口的1cm缝份折向反面扣烫，底边4cm缝份折向反面熨烫），完成坯布样衣衣身合缝（图3-65）。

图3-64　前侧缝线

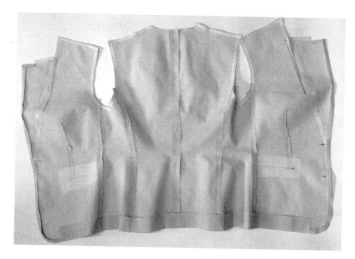

图3-65　合衣身

二、坯布样衣评价

依据差异化人体尺寸数据制作的女西装衣身结构，须通过实物或虚拟试穿评价其合体性。

（一）评价方法

试穿是坯布样衣评价的重要环节。将坯布样衣的左、右前中心线上的第一扣眼位"右搭左"对位，并用珠针固定后进行评价。评价包括两个方面（图 3-66）。

图3-66　坯布样衣评价

1. 合体度

款式 A 是较合体的女西装，坯布样衣的各个结构，如驳口线、肩线、肩斜、驳头，以及腰臀曲线等结构，与人体相符。

2. 款式结构准确度

依据款式 A 的结构设计，鱼嘴张合的角度准确，但前襟圆摆止口的弧度需要适当调整。

（二）虚拟试穿

依据前文对白坯样衣的评价，适当调整前襟圆摆止口（图 3-67）。

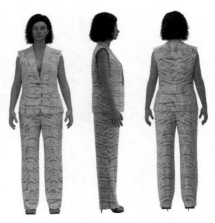

图3-67　虚拟试穿

（三）评价示例一

李星星是学习女西装衣身结构绘制方法的实践者，并已完成坯布样衣的制作，可进行评价，评价包括两个方面（图 3-68）。

1. 合体度

示例一中的女西装较合体，坯布样衣的各个结构，如驳口线、肩线、肩斜以及腰臀曲线等结构，与人体相符，但后中心线弧度需要调整。

2. 款式结构准确度

依据示例一的结构设计，鱼嘴张合的角度准确，串口线略高，驳头略宽，驳头止口线弧度略大。

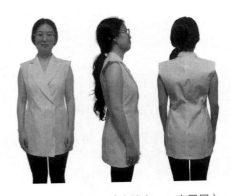

图3-68　示例一（实践者——李星星）

（四）评价示例二

在课程教学过程中，老师可引导学生应用差异化尺寸制作女西装结构。以实践者吴佳融依据个人尺寸数据实践完成的款式 A 的结构为例进行评价。评价包括两个方面（图 3-69）。

1. 合体度

示例二中的女西装较合体，坯布样衣的各个结构，如驳口线、肩线、肩斜以及腰臀曲线等结构，与人体相符。但胸省量略小，需要调整。

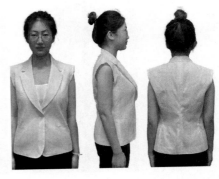

图3-69　示例二（实践者——吴佳融）

2. 款式结构准确度

依据示例二的结构设计，鱼嘴张合的角度略小，串口线略低，需要调整。

第七节 ▶▶▶

如何制作袖结构

一、袖框架绘制

女西装袖结构的绘制以匹配衣身袖窿结构为前提，因此，须依据衣身袖窿结构绘制袖结构。

（一）袖窿弧线数据测量

以款式 A 为例，提取衣身的袖窿结构，并将衣身袖窿结构的前、后肩端点分别命名为点 a、点 c，腋下片的侧缝线与袖窿弧线的交点命名为点 b，并测量衣身袖窿弧线的数据（图 3-70）。

图3-70　袖窿弧线数据测量

1. 袖窿弧线总长

测量弧线 $a\sim b\sim c=47.66\text{cm}$，即袖窿弧线总长。

2. 前袖窿弧线长

测量弧线 $a\sim b=23.18\text{cm}$，即前袖窿弧线长。

3. 后袖窿弧线长

测量弧线 $c\sim b=24.48\text{cm}$，即后袖窿弧线长。

（二）袖框架绘制（图 3-71）

1. 袖中线

由点 b 作垂线，向上约 20cm，向下约 50cm，即为袖中线。由点 b 向左、右各约 25cm 作水平线，即袖根肥基准线。

2. 袖山高

影响袖山高的因素包括款式、穿着需求、上臂围、面

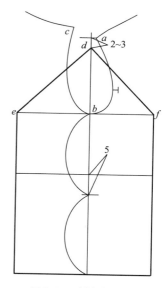

图3-71　袖框架绘制

料特性等。经点 a 画水平线与袖中线相交，由交点沿袖中线向下 2~3cm 确定袖山高点 d。

3. 袖框架数据

线段 df = a~b（前袖窿弧线长）-0.2 ~ 0.4cm，线段 de = b~c（后袖窿弧线长）-0 ~ 0.1cm，ef = 上臂围 +5cm。

4. 袖口基准线

由点 d 沿垂线向下量取袖长的长度确定端点，作这一端点的水平线即为袖口基准线，并与点 e、点 f 的垂线相交，完成袖框架绘制。

5. 袖肘基准线

自袖山高点点 d 与袖口基准线间距的中点向上 5cm 处作水平线，即为袖肘基准线。

二、袖框架角度确认

（一）人体胳膊结构分析

从侧面观察虚拟人体，男性、女性的胳膊都有略向前的倾斜度，倾斜的角度可参照由肩端点向下作的垂线（细线）进行分析。观察女性胳膊，从肩端点至肘部，以及从肘部至手腕处，两条线段（粗线）几乎呈相同角度向前倾斜。观察男性胳膊，从肩端点至肘部的线段（粗线）倾斜角较小，而从肘部至手腕的线段（粗线）向前倾斜的角度较大（图 3-72）。

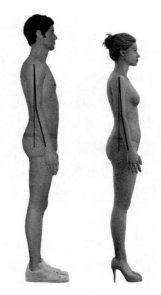

（二）袖框架角度确认

1. 角度调整

依据人体胳膊略前倾的特征，以点 b 为圆心，线段 bd 为半径，将袖框架各个基准线向后袖窿方向旋转1cm，衣身袖窿保持原位，得到新的定位点（图 3-73）。

图3-72　人体胳膊结构

2. 角度确认（图 3-74）

完成袖框架的角度调整后，其与衣身袖窿的关系发生了变化。通过观察，可以发现肩端点 a 与袖中线上点 d' 的距离变大，说明调整之后的袖框架与衣身袖窿的关系符合女性胳膊的前倾结构。

将衣身袖窿和调整后的袖框架一起摆正，线段 e'f' 为水平线。经线段 bf' 中点作垂线，与线段 d'f' 相交于点 k，经线段 be' 中点作垂线与线段 d'e' 相交于点 i。

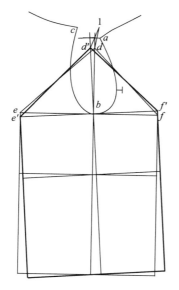

图3-73 袖框架角度调整

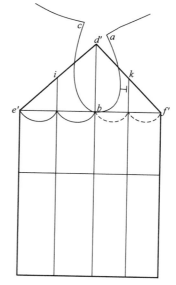

图3-74 袖框架角度确认

三、袖山弧线绘制

（一）前、后袖山弧线吻合点（图3-75）

1. 前袖山弧线吻合点

以过线段 bf' 中点作的垂线为对称轴，反射衣身的前袖窿弧线，与线段 $f'd'$ 相交于点 h，将弧线 $f'\sim h$ 的中点定位为点 h'，即前袖山弧线吻合点。

2. 后袖山弧线吻合点

以过线段 be' 中点作的垂线为对称轴，反射衣身的后袖窿弧线，与线段 $e'd'$ 相交于点 g，将弧线 $e'\sim g$ 的中点定位为点 g'，即后袖山弧线吻合点。

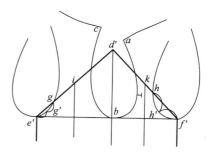

图3-75 前、后袖山弧线吻合点

（二）前、后袖山弧线支撑点（图3-76）

1. 前袖山弧线支撑点

过线段 kd' 的中点 l 作2cm的垂线，定位为点 l'，即为前袖山弧线支撑点。前袖窿弧线凸起与凹进的转折结构须定位，即由点 k 沿线段 $f'd'$ 向点 f' 方向1cm定位点 k'。

2. 后袖山弧线支撑点

过线段 id' 的中点 j 作 1.8cm 垂线，定位为点 j'，即为后袖山弧线支撑点。

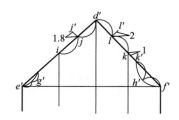

图3-76　前、后袖山弧线支撑点

（三）袖山弧线绘制

连接点 f'、点 h'、点 k'、点 l'、点 d'、点 j'、点 g' 与点 e' 并画圆顺为袖山弧线，袖山弧线分别与弧线线段 $e'{\sim}g'$ 和 $h'{\sim}f'$ 吻合（图3-77）。

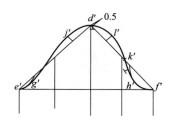

图3-77　袖山弧线绘制与对位点

（四）袖山弧线对位点确认

1. 前袖山弧线定位点

测量衣身前袖窿弧线对位点至点 b 之间的弧线长度，由点 f' 沿前袖山弧线确定相同距离的点位，即为前袖山弧线对位点。

2. 袖山高定位点

由袖山弧线点 d' 向前袖山弧线方向 0.5cm 处定位，即为袖山高定位点。

3. 袖山弧线数据

在女西装结构中，袖山弧线须长于袖窿弧线，用以塑造饱满的袖山结构。依据款式、面料等因素，两者的数据差量是 1.5~2.5cm。以款式 A 为例，其袖山弧线长度为 47.66cm，衣身的袖窿弧线长度为 49.96cm，两者相差 2.3cm。

四、大、小袖定位（图 3-78）

过点 i、点 k 作垂线，分别与前、后袖山弧线，以及袖口基准线相交，即内、外袖缝的基准线。

（一）大、小袖的内、外袖缝

1. 小袖袖山弧线基准线

以内、外袖缝基准线为轴，分别镜像袖山弧线相交于点 b 位置，即点 e' 和点 f' 的镜像点，分别与点 b 重合，这两条在点 b 重合的镜像弧线，即小袖的袖山弧线基准线。

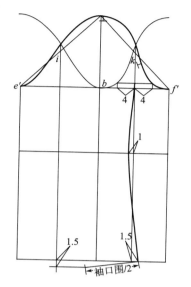

图3-78　大、小袖定位

2. 大、小袖内袖缝（袖山弧线）定位点

以内袖缝基准线为对称轴，沿线段 ef' 分别向左、右 4cm 确定两点，并向上作垂线与大、小袖袖山弧线基准线相交，交点即大、小袖内袖缝（袖山弧线）定位点。

3. 内袖缝袖肘定位点

自内袖缝基准线沿袖肘线向袖中线方向 1cm 确定点位。

4. 内袖缝袖口定位点

自内袖缝基准线沿袖口基准线向袖中线的反方向 1.5cm 确定点位。

5. 袖口斜度定位

自袖口基准线沿后袖缝基准线垂直向下 1.5cm 确定点位，并画水平线。

6. 袖口翘线

以内袖缝袖口定位点为圆心，袖口围 /2 为半径绘制圆形，与袖口斜度定位时所画水平线相交，其交点与圆心连接的线段，即为袖口翘线。

（二）内袖缝基准弧线

依据以下三个定位点绘制内袖缝基准弧线：连接大、小袖内袖缝（袖山弧线）定位点为水平线，与内袖缝基准线相交的点即为第一定位点；袖肘定位点是第二定位点；内袖缝袖口定位点是第三定位点。将三个定位点连接为弧线，即为大、小袖内袖缝弧线基准线。内袖缝基准弧线的弧度在大、小袖内袖缝（袖山弧线）定位点位置应略饱满，以确保大、小袖的内袖缝缝合后，袖山弧线平顺。

五、大、小袖绘制（图3-79）

1. 大袖内袖缝弧线

平移内袖缝基准弧线至大袖内袖缝（袖山弧线）定位点，即大袖内袖缝弧线。大袖内袖缝弧线与袖口基准线相交，经其交点与袖口翘线相交并画水平线，与袖口翘线共同组成大袖袖口线。

2. 小袖内袖缝弧线

平移内袖缝基准弧线至小袖内袖缝（袖山弧线）定位点，并向下延长至与袖口翘线相交，延长后的弧线即小袖内袖缝弧线。小袖内袖缝弧线与袖口翘线的交点，与袖口翘线上的另一个端点之间的线段，即小袖袖口线。

3. 大、小袖外袖缝弧线

依据以下三个定位点绘制大、小袖的外袖缝弧线：第一定位点为外袖缝基准线与袖山弧线的交点；第二定位点依据两条基准线定位，包括第一定位点与袖口翘线端点直线相连的外袖缝斜度基准线，以及外袖缝基准线，两条基准线与袖肘线交点的间距中点即为外袖缝弧度定位点；第三定位点为袖口翘线端点。将三个定位点连接为弧线，即为大、小袖外袖缝弧线。需要注意的是，大、小袖外袖缝与袖口翘线相交处呈直角。

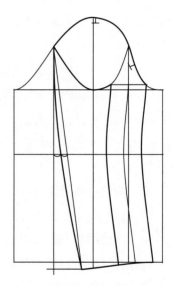

图3-79 大、小袖绘制

六、大、小袖对位点确认

1. 大、小袖外袖缝对位点

大、小袖外袖缝弧线与袖肘线相交的点（图3-80）。

2. 大、小袖内袖缝对位点

对位点包括两组，一组是大、小袖内袖缝弧线上自袖山弧线端点沿内袖缝向下约7cm定位的点，另一组是大、小袖内袖缝弧线上自袖口端点沿内袖缝向上约

11cm 定位的点（图 3-80）。

3. 小袖袖山弧线对位点

袖中线与小袖袖山弧线的交点（图 3-80）。

4. 大、小袖袖衩对位点

自袖口端点沿外袖缝向上 10cm 定位的点（图 3-80）。

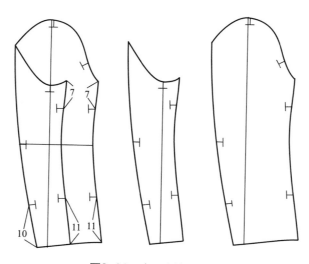

图3-80 大、小袖对位点

5. 袖山弧线校对

大、小袖外袖缝拼合，校对袖山弧线是否平顺。大、小袖内袖缝拼合，校对袖山弧线是否平顺（图 3-81）。

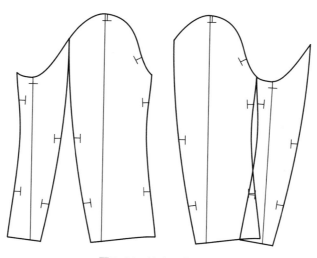

图3-81 袖山弧线校对

第八节 ▶▶▶

如何完善女西装结构

一、女西装结构完善——款式A

（一）袋盖绘制

在款式A前片的结构图中，依据横向的袋口结构线绘制袋盖结构（图3-82）。

1. 袋盖止口线

延长衣身袋口结构线，自近前中心线的袋口端点向侧缝线处量至14cm端点位置，确定袋盖止口线。

2. 袋盖基准线

自近前中心线的袋口端点向下作5cm垂线，在垂线下面的端点位置作袋盖长度线的平行线，即袋盖底边线基准线。平行移动前片侧缝线至袋盖长度线的端点位置，与袋盖底边基准线相交，即袋盖基准线。

3. 袋盖结构线

款式A袋盖有圆角的弧度，袋盖结构线须依据相应的支撑点精确绘制。在袋盖

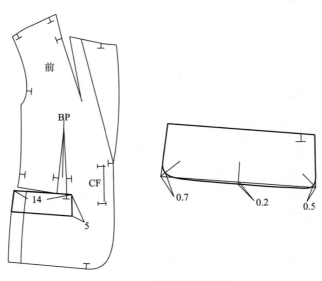

图3-82　款式A袋盖绘制

基准线与底边线的两个端点对角线上，定位圆角弧度支撑点，其长度为 0.5~0.7cm。袋盖底边线支撑点位于底边线中点向下约 0.2cm 的垂线上。将各个支撑点连接即袋盖结构线。

（二）挂面、前片里料分割

1. 挂面、前片里料分割线的确认

在款式 A 中，挂面与前片里料的结构依据领省省道端点和省尖端点进行定位分割（图 3-83）。

（1）挂面、前片里料的分割线确认：包括四个定位点。第一定位点为领省与串口线的交点；第二定位点，由胸省省尖向侧缝线方向水平 1.5cm 定位；第三定位点，距前中心线（近第一扣眼位）5.5 定位，第四定位点，由圆摆止口对位点沿底边线向侧缝线方向 1.5cm 定位。以领省的两个端点为起点，分别与各个定位点连接为平顺的弧线，即为挂面、前片里料的分割线。

（2）对位点：包括三组对位点。第一组对位点为领省端点沿分割线向下 5cm 的点位；第二组对位点为领省省尖的点位；第三组对位点为分割线在底边线的端点向上 7cm 的点位。

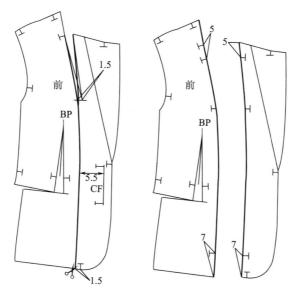

图3-83 款式A挂面、前片里料分割

2. 挂面处理（图 3-84）

（1）挂面沿驳口线切展：挂面结构在翻折时应与衣身结构相符，须设计一定翻

折容量。剪开驳口线，将驳口线至驳头止口线之间的结构向外平移 0.3cm，重新连接串口线，以及两条平行的驳口线的起点（挂面沿驳口线的切展量与面料特性相关）。

（2）挂面横向切展：在驳口线起点水平线位置向下切展并打开约 0.3cm，重新连接切展后的挂面分割线，挂面横向切展多适用于圆摆止口。

（3）挂面前襟止口：沿挂面驳口线起点，向下画一条略斜垂直线，从挂面分割线与底边线交点向前中心线方向画一条斜直线，两条直线相交构成挂面前襟止口，圆摆止口结构线须包含在挂面前襟止口内。

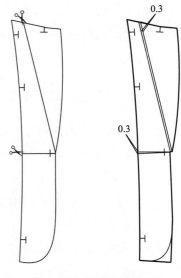

图3-84　款式A挂面切展

3. 前片里料处理（图 3-85）

（1）侧缝省定位：自袖山弧线端点沿前片里料侧缝线向下约 5cm 的点与 BP 相连，即为前片里料省结构线。

（2）侧缝省省量：将 BP 与袋口结构线省的两个端点相连，拼合前腰省，将省量转移至侧缝省。

4. 虚拟试穿与评价

款式 A 结构绘制完善后，可进一步通过虚拟试穿评价和确认各个结构（图 3-86）。

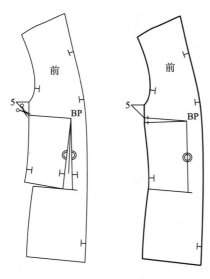

图3-85　款式A前片里料处理

图3-86　款式A虚拟试穿

二、女西装结构完善——款式 B

（一）贴袋绘制（图 3-87）

1. 贴袋止口线

定位袋口起点，即第三扣眼位向侧缝线方向 4cm，再垂直向上 1cm 定位为点 a。由点 a 向侧缝线方向画水平线，定位点 b，$ab=20cm$。依据款式 B 袋口略向上倾斜的特点，由点 b 向上 1cm 确定点 b'，连接 ab'，即为贴袋止口线。

2. 贴袋基准线

由点 a 向下作 21cm 的垂线至点 c，即 $ac=21cm$。经点 c 的底边平行线与前片侧缝线相交于点 d。由点 d 画水平线，与经过点 b' 的前片侧缝线的平行线相交于 d'。

3. 贴袋结构线

款式 B 贴袋有圆角弧度，贴袋结构线须依据相应的支撑点精确绘制。在贴袋基准线与底边线的两个端点对角线上，定位圆角弧度支撑点，其长度约为 0.8cm。贴袋底边线支撑点位于底边线中点向下约 0.2cm 的垂线上。连接各个支撑点，即为贴袋结构线。

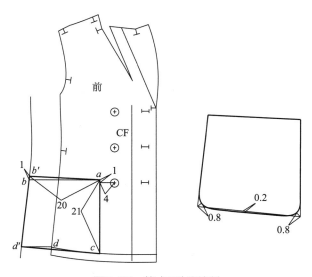

图3-87　款式B贴袋绘制

（二）挂面、前片里料分割

1. 挂面、前片里料分割线的确认（图 3-88）

（1）挂面、前片里料分割线确认：包括两个定位点。自肩颈点沿肩线 3cm 位置为第一定位点，在第一扣眼位下方距前中心线 7cm 位置为第二定位点。用弧线连接两个定位点，并从第二定位点向下画垂线与底边线相交（挂面结构中含领省结构）。

（2）对位点：包括两组对位点。第一组对位点在第一扣眼位水平线与分割线的交点位置；第二组对位点在底边线沿分割线向上 5cm 位置。

2. 挂面切展（图 3-89）

切展驳口线至驳头止口线间的结构线，即剪开驳口线，将挂面向外平移 0.3~0.5cm，重新连接串口线，以及两条平行的驳口线的起点（挂面沿驳口线的切展量与面料特性有关）。

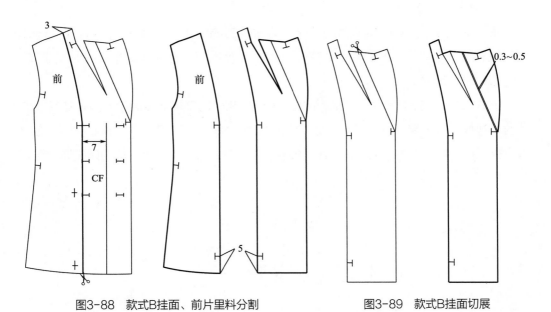

图3-88　款式B挂面、前片里料分割　　　　　图3-89　款式B挂面切展

第四章

女西装纸样

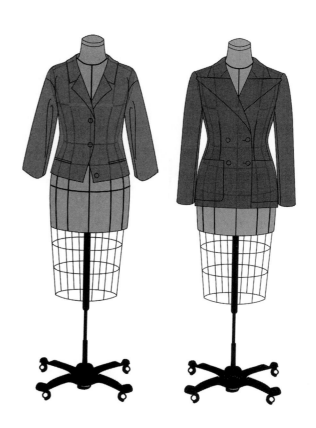

第一节 ▶▶▶

如何制作女西装面料纸样

　　服装纸样是结构设计的实现工具，也是成衣制作的依据，通常指放置在面料上进行裁剪的纸样。服装纸样需要依据结构特点、面料特性、工艺要求等要素进行制作，通常纸样中须标注纸样名称、数量、纱向、对位点等信息。本章仍以款式A、款式B为例介绍面料纸样制作方法，其基本缝份量设计为1cm（纸样制作中，须绘制较长的纱向线段进行标注，以便裁剪时校对面料的纱向）。

一、衣身面料纸样制作

（一）款式A衣身面料纸样（图4-1）

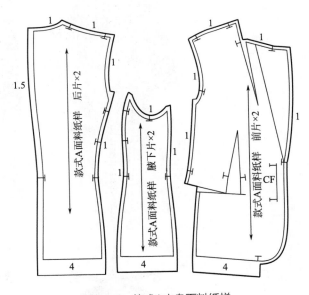

图4-1　款式A衣身面料纸样

1. 后中心线

缝份量为1.5cm，能够满足人体背部在活动抻拉时面料纱向稳定的需求。

2. 底边线

通过 4cm 折边量可以塑造下摆平顺且挺括的结构造型，缝份量的宽度 4cm 须与底边线平行向上的结构宽度即折边量 4cm 一致。

3. 其他结构线

缝份量均为 1cm，各个弧形结构线相交时，须采用切角方法。

（二）款式 B 衣身面料纸样（图 4-2）

1. 后中心线

款式 B 结构有后开衩设计，后中心线后开衩对位点以上部分的缝份量为 1.5cm，后开衩对位点以下的部分缝份量为 4cm。

2. 其他结构线

与款式 A 要求相同。

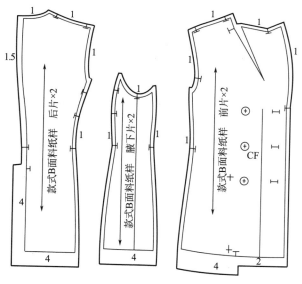

图4-2　款式B衣身面料纸样

二、衣袖面料纸样制作

款式 A、B 的袖结构相同，本节以款式 A 的袖结构为例示范，说明衣袖面料纸样的制作方法（图 4-3）。

1. 大、小袖袖口

袖口缝份量的宽度 4cm 与袖口结构线平行向上的结构宽度 4cm 吻合，确保翻折熨烫后袖口结构线的挺括造型。袖衩结构缝份量为4cm。

2. 其他结构线

其他结构线缝份量均为1cm。在袖结构中，须在大、小袖的内、外袖缝与袖山弧线交点处作切角。

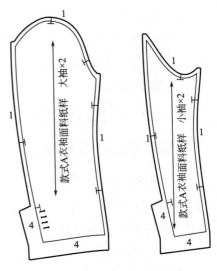

图4-3　款式A衣袖面料纸样

三、衣领、衣袋面料纸样制作

（一）衣领面料纸样

1. 款式A衣领面料纸样（图4-4）

（1）翻领：串口线、领面止口缝份量为1.5cm，领面分割线缝份量为0.5cm，领角结构线缝份量为1cm。

（2）领座：串口线缝份量为1.5cm，领座分割线缝份量为0.5cm，领座领底结构线缝份量为1cm。

（3）领底呢：领止口缝份量为负0.2cm（领面须覆盖领底呢），领角结构线缝份量为0，串口线、领底结构线缝份量为0.5cm。

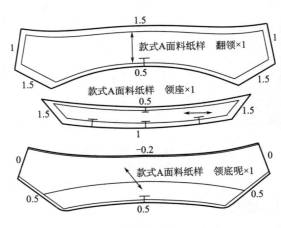

图4-4　款式A衣领面料纸样

2. 款式B衣领面料纸样（图4-5）

（1）领面：串口线缝份量为1cm，其他结构线缝份量为1.5cm。

（2）领底：基础领结构，缝份量为1cm。

（二）衣袋面料纸样

1. 款式 A 袋盖面料纸样

袋盖缝份量为 1.5cm（图 4-6 ）。

2. 款式 B 贴袋面料纸样

贴袋袋口缝份量为 3.5cm，其宽度须与袋口结构线平行向下 3.5cm 的结构宽度吻合。其他结构线缝份量为 1.2cm（图 4-7 ）。

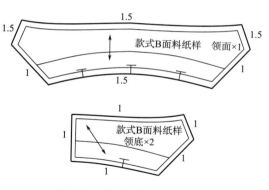

图4-5 款式B衣领面料纸样

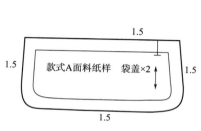

图4-6 款式A袋盖面料纸样

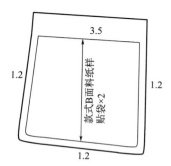

图4-7 款式B贴袋面料纸样

四、挂面面料纸样制作

（一）款式 A 挂面面料纸样（图 4-8）

1. 串口线

串口线与分割线交点处缝份量为 1cm，串口线与鱼嘴对位点位置缝份量为 1.5cm，两个点位的缝份量用弧线相连，与串口线的间距即为过面串口线缝份量。

2. 驳领领角

领角结构线缝份量为 1.5cm。

3. 驳头止口线

驳头止口线缝份量为 1.5cm。

4. 前襟止口

前襟止口缝份量为 1cm。

5. 底边

底边缝份量为 2cm。

6. 分割线

分割线缝份量为 1cm，其与底边线交点沿分割线向上 8cm 的部分缝份量是 2cm。

（二）款式 B 挂面面料纸样（图4-9）

1. 肩线

肩线缝份量为 1cm。

2. 其他结构线

其他结构线缝份量与款式 A 一致。

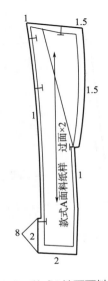

图4-8 款式A挂面面料纸样

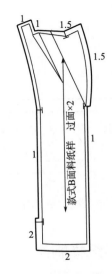

图4-9 款式B挂面面料纸样

第二节 ▶▶▶

如何制作女西装里料纸样与工艺纸样

一、衣身里料纸样制作

　　女西装里料通常采用较为柔滑、轻薄的化纤面料。在里料纸样的制作中，须考虑人体活动松量，以及与面料特性相符等因素，设计一定的缝份量松量，又称为

"眼皮量"。所谓眼皮量是指里料重叠在一起的量，在活动抻拉时，这一部分眼皮量可以展开，能够增强服装穿着的舒适性。

（一）款式 A 衣身里料纸样

制作衣身里料纸样时，须在前片、腋下片以及后片的前、后侧缝线与袖窿弧线的交点处作切角（图4-10）。

1. 后中心线

后中心线缝份量为 1.8cm，比面料纸样后中心线 1.5cm 的缝份量多 0.3cm，即眼皮量。

2. 前片里料分割线

前片里料分割线缝份量为 1cm。

3. 底边

底边与前片里料分割线交点位置的缝份量为 2cm，其他底边线缝份量为 1cm。

4. 袖窿弧线

袖窿弧线缝份量为 1.5cm。

5. 其他结构线

其他结构线缝份量均为 1.3cm。

（二）款式 B 衣身里料纸样

1. 后中心线

在款式 B 的结构中，后开衩对位点以上部分的缝份量为 1.8cm，后开衩以下部分的缝份量为 4cm（图 4-11）。

2. 其他结构线

缝份量与款式 A 相同。

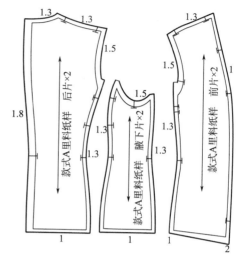

图4-10　款式A衣身里料纸样

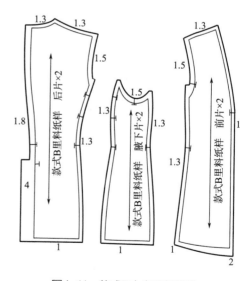

图4-11　款式B衣身里料纸样

二、衣袖里料纸样制作

大、小袖里料纸样须在内、外袖缝与袖山弧线的交点位置作切角。以款式 A

的袖结构为例说明袖结构里料纸样制作方法
（图 4-12）。

1. 大、小袖的内、外袖缝

大、小袖缝份量均为 1.3cm。

2. 大袖袖山弧线

大袖袖山弧线与外袖缝交点的缝份量为
2cm，与内袖缝交点的缝份量为 3cm，袖山高
点的缝份量为 1.5cm，将各个点位的缝份画顺，
即为大袖袖山弧线缝份。

3. 小袖袖山弧线

小袖袖山弧线与外袖缝交点的缝份量为
2cm，与内袖缝交点的缝份量为 3cm，将各个
点位的缝份画顺，即为小袖袖山弧线缝份。

4. 大、小袖袖口

袖口缝份量为 1cm。

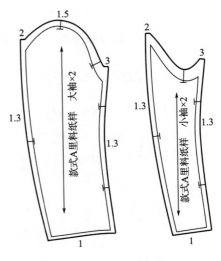

图4-12　款式A袖里料纸样

三、衣袋里料纸样制作

1. 款式 A 袋盖里料纸样

袋盖止口缝份量 1.5cm，其他结构线缝份量为 1cm（图 4-13）。

2. 款式 B 贴袋里料纸样

贴袋止口缝份量为负 1.5cm，依据面料特性，其他结构线缝份量为 0.8cm（图
4-14）。

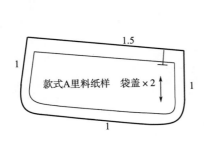

图4-13　款式A袋盖里料纸样

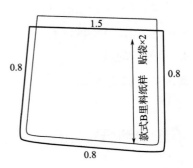

图4-14　款式B贴袋里料纸样

四、工艺纸样制作

工艺纸样主要用于工艺制作过程中的结构校对，在工艺纸样中须标注对位点、纱向、纸样名称。

（一）款式 A 衣身工艺纸样（图 4-15）

1. 前片工艺纸样

须标注前片各个内部结构位置，如袋位、省位、扣眼位等。自鱼嘴对位点沿驳头，经前襟止口，至底边对位点的部分为结构净线。其他结构线缝份量同前片面料纸样。

2. 袋盖工艺纸样

袋盖工艺纸样只包含结构净线。

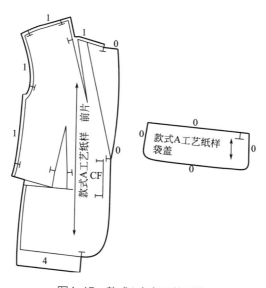

图4-15　款式A衣身工艺纸样

（二）款式 B 衣身工艺纸样（图 4-16）

1. 前片工艺纸样

须标注前片各个内部结构位置，如袋位、扣眼位等。自鱼嘴对位点沿驳头，经前襟止口，至底边对位点的部分为结构净线。其他结构缝份量同前片面料纸样。

2. 贴袋工艺纸样

贴袋工艺纸样只包含结构净线。

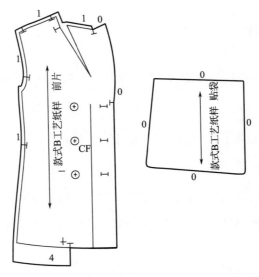

图4-16　款式B衣身工艺纸样

（三）衣领工艺纸样

1. 款式A衣领工艺纸样（图4-17）

款式A衣领工艺纸样包括翻领、领座结构净线以及各个对位点等。

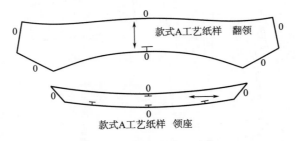

图4-17　款式A衣领工艺纸样

2. 款式B衣领工艺纸样（图4-18）

款式B衣领工艺纸样包括领面结构净线以及各个对位点等。

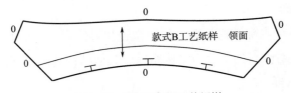

图4-18　款式B衣领工艺纸样

第五章

女西装缝制工艺

第一节 ▶▶▶

如何撇片

一、备料

女西装备料主要包括面料和里料。面料通常采用羊毛纤维织造的质地较柔软的精纺面料，里料多采用化纤面料，如美丽绸、尼龙绸等。本章以采用经典威尔士亲王格纹精纺羊毛面料制作的款式 A 为例，示范讲解女西装缝制工艺。

1. 用料量

女西装面料用料量的计算方法为：用料量＝衣长＋袖长＋耗损量（20~30cm），耗损量的大小须结合面料的特性和面料纹样适当调整。例如，当面料的预缩量较大，或面料纹样为条、格纹时，用料耗损量需要 30cm，甚至更多。

2. 熨烫

对齐西装面料布边，将其沿幅宽对折，并熨烫平整上下两层面料。

3. 备料

检查和确认上下两层面料的格纹纹样一致，并用珠针固定（图 5-1）。

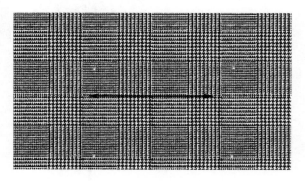

图5-1　备料

二、排料、裁剪

依据纸样由大到小的原则进行排料。因面料经过高温粘衬后可能产生一定的缩量，各个纸样样片的排料间距为 0.5~1cm，近布边的纸样应距离布边 2~3cm。

（一）面料排料（图5-2）

1. 前片

将前片纸样放置在靠近布边位置，确定驳口线起点对位点、侧缝线腰省对位点、前袖窿弧线对位点等位置的格纹纹样。

2. 挂面

将挂面纸样放置在靠近前片纸样位置，依据前片驳口线起点对位点的格纹纹样，确定挂面驳口线起点对位点的格纹纹样。

3. 大、小袖

将大、小袖纸样放置在靠近布边位置。依据前片袖窿弧线对位点的格纹纹样，确定大袖的前袖山弧线对位点的格纹纹样，并确定大袖外袖缝对位点的格纹纹样。依据大袖外袖缝对位点的格纹纹样，确定小袖外袖缝对位点的格纹纹样。

4. 腋下片

将腋下片放置在靠近大袖纸样位置，依据前片侧缝线腰省对位点的格纹纹样，确定腋下片前侧缝线腰省对位点的格纹纹样，然后确定腋下片后侧缝线腰省对位点的格纹纹样。

5. 后片

将后片纸样放置在近面料折边位置，依据腋下片后侧缝线腰省对位点的格纹纹

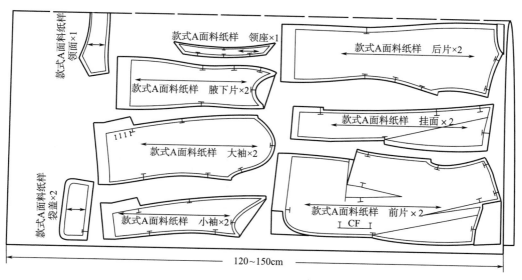

图5-2　面料排料

样，确定后片腰省对位点的格纹纹样。

6. 其他纸样

依据各个纸样的纱向排料。

（二）面料裁剪

依据面料纸样纱向，由大到小进行排料和裁剪。使用条、格纹面料时，袋盖等样片可延后至使用时再裁剪。

（三）里料排料、裁剪

依据里料纸样纱向，由大到小进行排料和裁剪。

三、衬料选择

女西装衬料主要使用厚（深色）、薄（浅色）两种有纺衬（图5-3）。

1. 厚有纺衬

前片粘厚有纺衬。

2. 薄有纺衬

（1）挂面、领面：粘薄有纺衬。

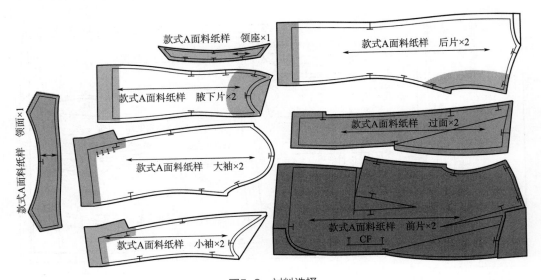

图5-3 衬料选择

（2）后片、腋下片：袖窿弧线处粘宽约 7cm 的薄有纺衬，底边线处粘宽约 7cm 的薄有纺衬。

（3）大、小袖袖口和袖衩：粘宽约 7cm 的"L"形薄有纺衬。

四、撇片

撇片是指女西装各个面料样片经过高温粘衬后，须明确面料纸样的结构，以及纸样中的内部结构，如对位点、省位、袋位等位置的工艺操作。

款式 A 采用威尔士亲王格纹面料，各个面料样片在撇片之前，须将面料的左、右片正面对正面放置，并依据格纹纹样用珠针别合，以确保各个左、右面料样片的格纹纹样对称。

（一）撇前片

1. 纸样

依据裁剪时确定的各个对位点的格纹纹样，将前片纸样放置在面料样片上，绘制前片纸样中的各个对位点，包括驳口线对位点、腰省对位点、前袖窿弧线对位点，以及前片纸样中的领省、腰省等内部结构（图 5-4）。

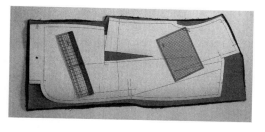

图5-4　撇前片1

2. 左、右前片内部结构

在前片各个结构线上的对位点打剪口，可使用珠针将前片各个对位点和内部结构的位置投射至另一片（图 5-5）。

3. 驳头、前襟止口

取出前片工艺纸样，将其鱼嘴对位点、底边对位点与前片面料上相应的对位点对齐，绘制驳头、前襟止口结构净线（图 5-6）。

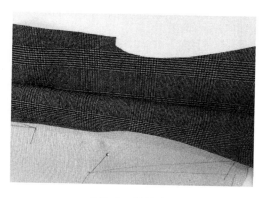

图5-5　撇前片2

4．打线丁

驳口线起点是区分驳头止口线与前襟止口线的定位点，须打线丁。使用粗棉线丁缝在左、右前片的驳口线起点，剪断棉线并拍打线丁（图5-7）。

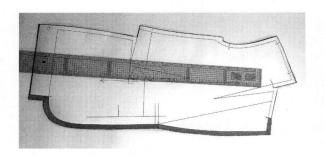

图5-6　撇前片3　　　　　　　　　　　　　图5-7　前片打线丁

（二）撇挂面

1．纸样

将挂面纸样放置在面料上，依据驳口线起点的格纹纹样，对应放置挂面纸样，并绘制内部结构即撇挂面（图5-8）。

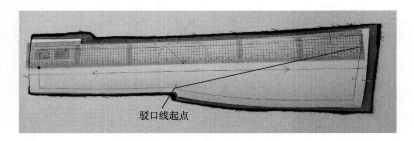

驳口线起点

图5-8　撇挂面

2．打线丁

依据面料样片驳口线起点的格纹纹样，在挂面的相应位置打线丁（图5-9）。

3．撇腋下片

将腋下片纸样放置在面料上，依据前片侧缝线腰省对位点格纹纹样，确定腋下片前侧缝线腰省对位点。

4．撇后片

将后片纸样放置在面料上，依据腋下片后侧缝线腰省对位点的格纹纹样，确定后片侧缝线腰省对位点。

5. 撇大袖片

将大袖纸样放置在面料上，依据前片的前袖窿弧线对位点的格纹纹样，确定大袖前袖山弧线对位点。

6. 撇小袖片

将小袖纸样放置在面料上，依据大袖外袖缝对位点的格纹纹样，确定小袖外袖缝对位点。

图5-9　挂面打线丁

需要注意的是，须在撇片后的面料样片中的各个对位点打剪口。

第二节 ▶▶▶

如何缝制前腰省与领省

一、前腰省缝合

（一）备料

裁剪一对条形面料，尺寸为长 × 宽 = 12cm × 3cm（长度依据面料的经纱方向裁剪）。

（二）缝制

1. 袋口开剪

剪开袋口结构线至近前襟止口的腰省端点处（图5-10）。

2. 前腰省对位

对齐省结构线，自省尖向袋口方向 8~10cm 处放置条形面料，沿省结构线一起绱缝，条形面料与省结构线的距离为 1cm（图5-11）。

腰省端点

图5-10　袋口开剪

3. 前腰省缉缝

缉缝至省尖处后，继续推动面料向上在条形面料上缉缝（图5-12）。

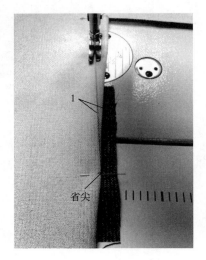

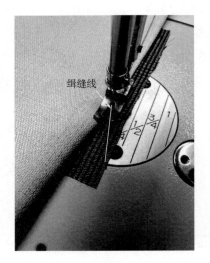

图5-11　前腰省对位　　　　　　　　　　图5-12　前腰省缉缝1

腰省缉缝完成后，将左、右前片并置在一起，检查与腰省缉缝在一起的条形面料是否对称，即左、右条形面料近前侧缝线的宽度均为 2cm（图5-13）。

4. 前腰省成型

（1）修剪：修剪腰省宽度约为 0.8cm，沿 2cm 宽的条形面料横向剪开至省尖位置（图5-14）。

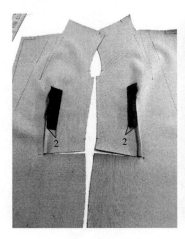

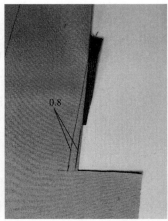

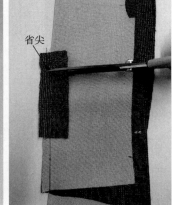

图5-13　前腰省缉缝2　　　　　　　　　　图5-14　前腰省修剪

（2）熨烫：将宽为2cm的条形面料在省尖处翻折至近前襟止口位置，腰省与条形面料劈缝熨烫至省尖，修剪省尖以上的面料形状。前腰省熨烫平整后，在省尖、袋口处粘薄有纺衬固定（图5-15）。

图5-15　前腰省熨烫

二、领省缝合

使用珠针将领省结构线对齐别合并缉缝，将领省倒向领口方向熨烫平整（图5-16）。

图5-16　领省缝合

第三节　▶▶▶

如何缝制前片衣袋

一、前片、腋下片缝合

将左、右腋下片对齐叠放在一起归和拔。依据对位点，用珠针别合前片和腋下片并缉缝。将前片、腋下片劈缝熨烫，对齐前片袋口位置，在腋下片上粘薄有纺衬，长 8cm、宽 5cm（图 5-17）。

图5-17　前片、腋下片缝合

二、袋盖缝合

（一）面料裁剪

将袋盖结构净线以及表示其 1.5cm 缝份量的线绘制在面料上并裁剪。袋盖格纹须与前片袋口结构线至底边线的格纹一致（图 5-18）。

（二）里料裁剪

裁剪袋盖里料并在里料上粘薄有纺衬（图 5-19）。使用袋盖里料纸样、工艺纸样在粘衬里料上绘制袋盖里料结构，以及结构净线（须依据里料纸样中的纱向裁剪）。

图5-18　袋盖面料裁剪

图5-19　袋盖里料裁剪

（三）面、里料缝制

1. 缉缝

将袋盖里料放置在袋盖面料上面，分三步将面、里料别合（图 5-20）。第一步，袋口结构线端点对齐别合。第二步，将袋盖两边约中点位置，以及袋盖底边约 1/3 位置别合。第三步，别合袋盖圆角，别合时袋盖面料应有吃量。

沿袋盖里料的结构净线缉缝，完成后将左、右袋盖并置在一起，检查并确认袋盖面料吃量左、右对称。

图5-20 袋盖面、里料别合

2. 成型

（1）缝份：修剪袋盖缝份，里料缝份为 0.6cm，面料缝份为 0.8cm（图 5-21）。

（2）熨烫：将袋盖面、里料沿缉缝线折向袋盖面料熨烫（图 5-22）。

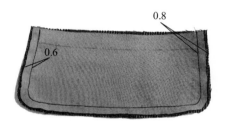

图5-21 袋盖缝份修剪

图5-22 袋盖熨烫1

（3）将熨烫好的袋盖翻至正面熨烫，确认左、右袋盖结构，以及格纹纹样对称一致。在里料距袋口线 1.5cm 位置绘制直线（图 5-23）。

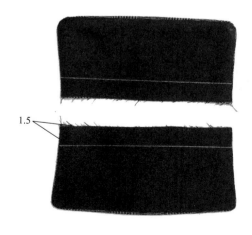

图5-23 袋盖熨烫2

三、嵌线

（一）备料

裁剪两条长约18cm、宽约10cm，在嵌线上粘约5cm宽的薄衬，距嵌线边缘1cm处画一条直线，以及距离该直线2cm处画一条平行线（图5-24）。

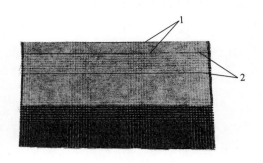

图5-24　嵌线备料

（二）熨烫

沿1cm折边线熨烫嵌线后，在距1cm折边宽2cm的位置再次折边熨烫（图5-25）。

（三）嵌线、袋盖对位

将袋盖上绘制的距袋口线1.5cm的线段与嵌线处1cm折边线对齐。袋盖居中放置后，将袋盖和嵌线用珠针别合在一起。1cm折边线处的嵌线为上嵌线，2cm折边线处的嵌线为下嵌线（图5-26）。

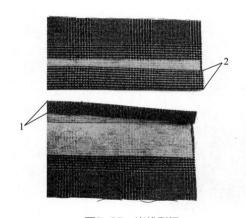

图5-25　嵌线熨烫

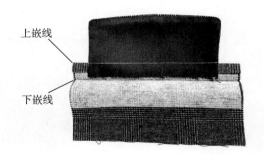

图5-26　嵌线、袋盖对位

四、开袋口

（一）定位

依据袋口结构线，在正面画上、下嵌线定位线，即平行于袋口结构线上、下各

0.5cm 的线段，并在袋口结构线的两个端点处作垂直于平行线的线段（图 5-27）。

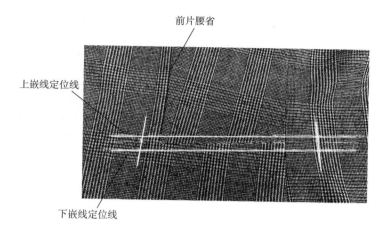

图5-27　嵌线定位

（二）上嵌线缉缝

在距上嵌线折边线 0.5cm 位置画线，将袋盖与袋口端点垂线对齐，并缉缝。需要注意的是，其缝线的起点和结点须与嵌线下面的袋口端点垂线一致（图 5-28）。

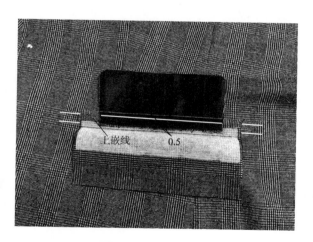

图5-28　上嵌线缉缝

（三）下嵌线缉缝

在下嵌线的折边线上方画一条距折边线 0.5cm 的线，并与袋口下嵌线定位线对位（图 5-29）。

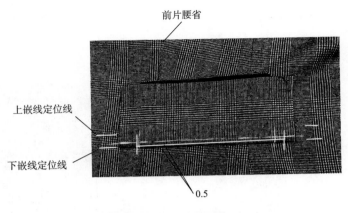

前片腰省

上嵌线定位线

下嵌线定位线

0.5

图5-29　下嵌线对位

缉缝时，下嵌线缉缝线的起点和结点须与袋口端点垂线一致（图5-30）。

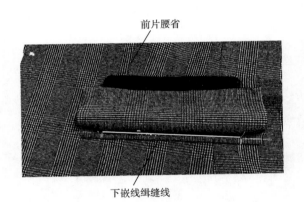

前片腰省

下嵌线缉缝线

图5-30　下嵌线缉缝

（四）开袋口

1. 核验嵌线（图5-31）

将前片翻至反面，确认上、下嵌线的缉缝线间距为1cm且平行，而且两条平行线的端点与袋口端点吻合。

2. 开袋口（图5-32）

沿两条缉缝线居中位置剪开袋口结构线，在距离端点约1.5cm位置向袋口端点剪呈Y形斜向的线段，须注意要精准剪至袋口端点处。

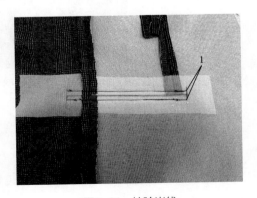

图5-31　核验嵌线

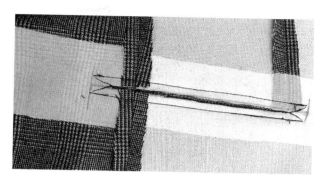

图5-32　开袋口

3. 分割嵌线（图5-33）

将 2cm 宽的嵌线居中剪开，形成上、下两条嵌线。

图5-33　分割嵌线

4. 嵌线固定（图5-34）

将开袋口端点的三角形面料，以及翻至前片反面的上、下两条嵌线并列放置。

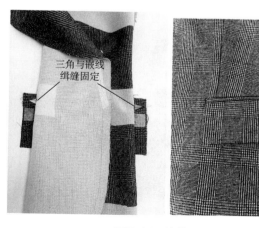

三角与嵌线
缉缝固定

图5-34　嵌线固定

拉紧嵌线熨烫后，将三角形面料与嵌线缉缝固定，并再次熨烫平整。分别从腋下片和前片两个方向熨烫嵌线，以确保袋口嵌线符合人体前、侧身有弧度的立体结构。

五、袋布缝合

1. 备料

依据尺寸以及经纱方向分别裁剪大、小两对袋布备用，袋布可选用里料或薄棉布等（图5-35）。

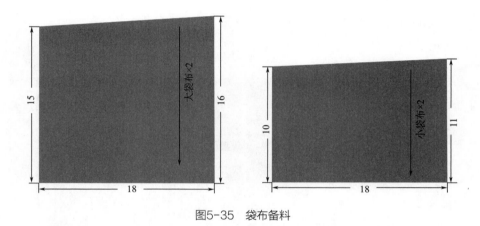

图5-35　袋布备料

2. 缉缝

（1）将小袋布依据袋口结构线倾斜角度与下嵌线缉缝，翻至正面倒缝熨烫，并在小袋布正面缉缝0.1cm的明线（图5-36）。

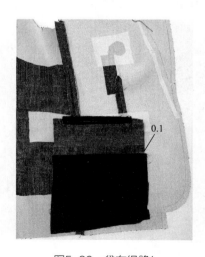

图5-36　袋布缉缝1

（2）将大袋布依据袋口结构线倾斜角度放置在上嵌线上（图5-37）。

（3）自袋口结构线端点转角至上嵌线的袋口处，再转角袋口结构线至另一端点缉缝，完成上嵌线与大袋布固定（图5-38）。

（4）上嵌线与大袋布固定后，确认大、小袋布底边与前片底边结构净线之间的距离为1cm，然后将大、小两块袋布缉缝在一起，袋布底边转角为圆角（图5-39）。

图5-37　袋布缉缝2

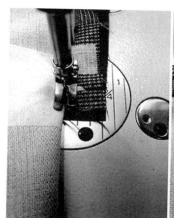

图5-38　袋布缉缝3

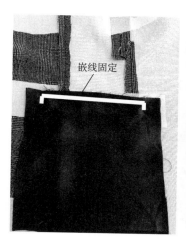

图5-39　袋布缉缝4

第四节 ▶▶

如何定位、缝制驳头

一、驳头、前襟止口定位

（一）嵌线熨烫

距前片驳头止口线 0.2cm 处，熨烫直丝嵌线。距前襟止口 0.2cm 处，熨烫子母嵌线（图 5-40，嵌线熨烫方法详见第三章）。

（二）驳口线定位

将挂面和前片并置在一起，确认其驳口线嵌线平直（图 5-41）。

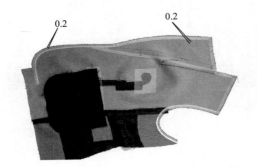

图5-40 嵌线熨烫

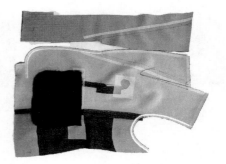

图5-41 驳口线定位1

对齐前片、挂面的驳口线嵌线，并用珠针别合（图 5-42）。

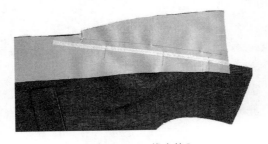

图5-42 驳口线定位2

（三）驳头止口定位

经驳口线翻折至前片衣身的驳头，其挂面需要一定的吃量（图5-43）。

1. 驳口线起点吃量定位

定位须两个步骤。第一步，在驳头止口线1/3位置（近驳口线起点）确定挂面驳头止口的吃量，并用珠针固定。第二步，使用珠针将其吃量均匀分配至驳口线起点处。

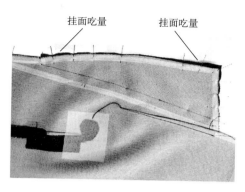

图5-43 驳头止口定位

2. 驳头领角吃量定位

定位须三个步骤。第一步，在鱼嘴定位点至驳头领角间距约1/2位置确定挂面驳头领角的吃量，并用珠针固定。第二步，自驳头止口线1/3位置（近驳口线起点）至另一驳头止口线1/3位置（近驳头领角）间距，确定挂面、前片驳头止口线相符，并用珠针固定。第三步，在驳头止口线1/3位置（近驳头领角）确定挂面驳头领角和驳头止口的吃量，用珠针均匀固定。

（四）前襟止口定位

前襟止口线与底边呈圆摆，其圆摆止口位置需要一定的吃量。定位须三个步骤：第一步，自驳口线起点至前襟止口直线结点位置，用珠针将挂面和前片固定，且两层面料尺寸相符。第二步，在底边定位点位置，将前片底边吃一定量，用珠针与挂面别合。第三步，将前片圆摆止口吃一定量，用珠针与挂面别合（图5-44）。

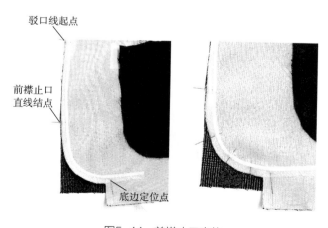

图5-44 前襟止口定位

二、驳头、前襟止口缉缝

（一）止口校验

止口校验分为两步。第一步，使用珠针别合止口后，领角向前片方向翘起，而前片圆摆止口则呈现一定的吃量。第二步，将左、右前片并置在一起，确认领角和圆摆止口的吃量是否对称（图5-45）。

（二）止口缉缝

沿止口结构线缉缝，起点是鱼嘴对位点，结点至挂面底边线。缉缝完成后，须将左、右前片并置在一起，确认其左、右止口结构对称（图5-46）。

图5-45　止口校验　　　　　　　　图5-46　止口缉缝

三、驳头、前襟止口熨烫

（一）修剪缝份

修剪驳口线起点至领角间的止口缝份，挂面缝份量为0.8cm，前片缝份量为0.6cm。修剪驳口线起点至圆摆止口对位点之间的止口缝份量，挂面缝份量为0.6cm，前片缝份量为0.8cm（图5-47）。在挂面近底边1cm结构线的位置，缉缝0.1cm明线固定折边。

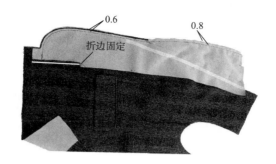

图5-47　修剪缝份

（二）止口熨烫

驳口线起点至鱼嘴对位点之间，沿止口缉缝线折向挂面熨烫。驳口线起点至圆摆止口对位点之间，沿止口缉缝线折向前片熨烫（图5-48）。

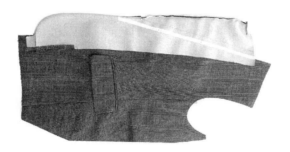

图5-48　止口熨烫1

将止口翻至正面熨烫，并沿底边结构净线折边熨烫（图5-49）。

图5-49　止口熨烫2

第五节 ▶▶▶

如何缝合衣身

一、面料衣身缝合

（一）挂面、前片缝制

1. 挂面、前片里料缝合

将挂面和前片里料对位点用珠针别合后缉缝，并倒缝熨烫平整（图5-50）。

2. 挂面、前片绷缝

将驳头经驳口线翻折至前片衣身，使用粗棉线绷缝，以确保驳头和前襟结构稳定（图5-51）。

图5-50　挂面、前片里料缝合　　　　图5-51　挂面、前片绷缝

3. 挂面、前片固定

将挂面与前片里料缉缝的缝份，用三角针与前片衣袋固定，并用暗针将挂面与领省固定（图5-52）。

图5-52 挂面、前片固定

（二）后片缝合

1. 后片归和拔

将左、右后片一起进行归和拔，塑造符合人体结构的立体形态。完成归和拔的后片能够塑造人体肩胛骨的凸起的形态，以及腰臀曲线等立体结构（图 5-53 ）。

2. 后片缉缝

将左、右后片缉缝在一起，并劈缝熨烫（图 5-54 ）。

图5-53 后片归和拔

图5-54 后片缉缝

（三）合衣身

1. 腋下片、后片对位

将后片与腋下片对位缝合，并劈缝熨烫（图 5-55 ）。

2. 底边绷缝

沿衣身底边结构净线熨烫，使用粗棉线将底边折边绷缝（图 5-56 ）。

图5-55　腋下片、后片对位　　　　　　图5-56　底边绷缝

二、里料衣身缝合

（一）后片缉缝

沿后片里料距后中心线 1.5cm 的缝份量缉缝（图 5-57）。

图5-57　后片里料缉缝

将后片里料后中心线处距缉缝线 0.3cm 折边熨烫（图 5-58）。

图5-58　后片里料熨烫1

展开后片里料左、右片，沿后中心线熨烫平整，后中心线处生成 0.3cm 的眼皮量（图 5-59）。

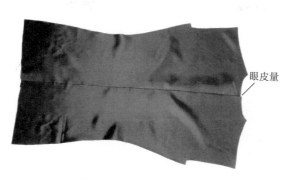

眼皮量

图5-59 后片里料熨烫2

（二）合衣身

将后片和腋下片用珠针别合后缉缝，沿距缉缝线 0.3cm 处折边熨烫。后片和腋下片展开熨烫平整，后侧缝线处生成 0.3cm 的眼皮量。

将前片里料侧缝线的腰省对位点缉缝固定，与腋下片缉缝在一起，折边 0.3cm 熨烫（图 5-60）。

里料衣身缉缝完成（图 5-61）。

图5-60 腋下片、前片里料缉缝　　　　　　　图5-61 合衣身里料

三、面、里料衣身固定

（一）合底边

1. 对位

前片里料与底边须对位缉缝。沿挂面缝份熨烫前片里料，将前片里料底边与衣身面料底边对齐，依据挂面折边线，标记里料底边对位点。

✂ 注：挂面折边线与里料底边对位点对位缉缝（图 5-62 ）。

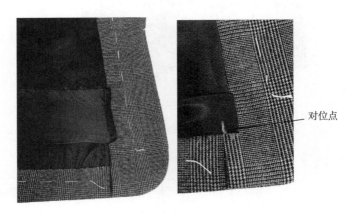

对位点

图5-62　底边对位

2. 缉缝

对齐前片面、里料底边对位点后，缉缝面、里料底边。

依据各个纵向分割点位对位缉缝面、里料的底边（图 5-63 ）。

3. 固定

使用三角针将底边折边与衣身固定（图 5-64 ）。

图5-63　底边缉缝

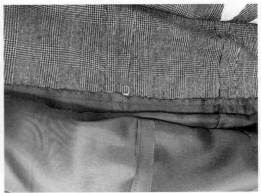

图5-64　底边固定

（二）衣身固定

展平衣身的面料、里料，确定里料的肩线、后领窝弧线位置长于面料相应位置约 0.5cm 之后，使用珠针在腰省位置上固定里料和面料，并在后侧缝线腰省位置，绷缝固定两、里料的缝份，然后熨烫平整里料底边眼皮量（图5-65）。

图5-65　面、里料衣身固定

四、面、里料肩线缝合

（一）归和拔

将凹形的后肩线适当拔开，以塑造后肩的立体结构。将前肩线放在上面，与后肩线对位缉缝（图5-66）。

图5-66　肩线缉缝1

（二）缉缝

将肩线劈缝熨烫，缉缝里料的前、后肩线，沿缉缝线 0.3cm 折边熨烫，并展平熨烫（图 5-67）。

图5-67　肩线缉缝2

五、衣身评价

将款式 A 的衣身缝合后，穿着在人台上进行评价。款式 A 的驳头、前襟止口对称，熨烫平整，面、里料吻合（图 5-68）。

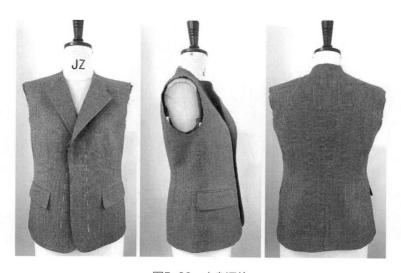

图5-68　衣身评价

第六节 ▶▶▶

如何绱领

一、领底呢缝合

（一）裁剪

将领底呢纸样依据纱向放置在专用领底呢面料上，并裁剪。在领底呢上黏合相近颜色薄有纺衬，并标注驳口线、对位点（图5-69）。

图5-69　领底呢裁剪

（二）缉缝

使用子母嵌线中的直丝嵌条，缉缝在领底呢驳口线上。稍微拽紧直丝嵌条缉缝（图5-70）。

裁剪两条宽为1.5cm，长度略长于领角结构线的里料，其长度与里料的经纱一致。将里料放置在距领底呢（正面）领角结构线1cm处，在领底呢领角结构线上缉缝0.1cm明线固定两层面料（图5-71）。

图5-70　领底呢缉缝1

图5-71　领底呢缉缝2

二、领面缝合

（一）撇领面

使用翻领和领座工艺纸样在面料上绘制结构净线（图5-72）。

图5-72 撇领面

（二）缉缝

用珠针别合翻领和领座的分割线对位点，缉缝并劈缝熨烫。翻至正面，在距缉缝线左、右各 0.1cm 位置缉缝明线。将翻领止口、领角的结构净线投射至面料正面（图 5-73）。

图5-73 领面缉缝

三、缝合衣领

（一）衣领止口缉缝

将领底呢放置在距翻领正面结构净线 0.2cm 位置，并用珠针对位别合后缉缝。

将翻领止口折边熨烫。领底呢距离翻领止口结构净线 0.2cm（图 5-74）。

图5-74　衣领止口绱缝

（二）领角绱缝

以翻领止口结构净线为折边线，沿翻领领角结构净线，在领底呢的里料上绱缝领角（图 5-75）。

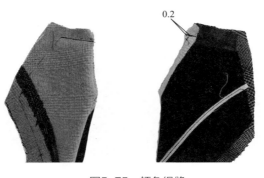

图5-75　领角绱缝

将领角翻至正面熨烫（图 5-76）。领角角度明晰，且左右对称。

图5-76　领角熨烫

四、绱领

（一）串口线缝制

1. 缉缝

修剪和确认前片和挂面的串口线缝份量为 1cm 后，将衣领和前片串口线的鱼嘴对位点对齐，并缉缝（图 5-77）。

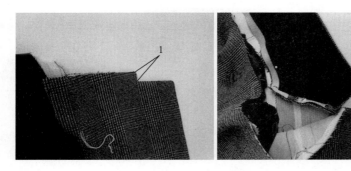

图5-77　串口线缉缝

2. 熨烫

将缉缝后的衣领和前片串口线劈缝熨烫，并翻至正面，确认鱼嘴结构角度准确，且左右对称（图 5-78）。

图5-78　串口线熨烫

（二）领口缉缝

衣领与前片串口线缝合后，将挂面与领座底边线形成完整的结构线，与里料领口缉缝，并倒向衣身里料熨烫平整（图5-79）。

图5-79 领口缉缝

（三）领底呢固定

1. 领口绷缝（图5-80）

将挂面和衣身的串口结构净线，以及面、里料领口结构净线对齐，并用粗棉线绷缝在一起。

2. 领底呢绷缝

（1）领底呢的领底结构线、串口线，覆盖衣身相应结构净线的量为0.5cm（图5-81）。

图5-80 领口绷缝

图5-81 领底呢绷缝1

（2）将领底呢用粗棉线绷缝在领口结构线上（图5-82）。

3. 领底呢固定（图5-83）

使用顺色线，用三角针针法将领底呢与衣身串口线、领口结构线固定。

注：可以在完成绱袖后，再将领底呢与衣身领口固定。

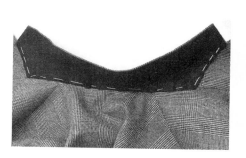

图5-82 领底呢绷缝2

图5-83 领底呢固定

第七节 ▶▶▶

如何绱袖

一、袖衩缝合

（一）大袖袖衩缝合

1. 定位

（1）左、右大袖正面对齐，将内袖缝居中位置适当拔开。

（2）绘制大、小袖袖口结构净线和大袖袖衩结构净线（图5-84）。

（3）将大袖袖衩、袖口折边熨烫后对合，标记其折边相交的点位。展平折边，将标记点投射至面料反面标记（图5-85）。

标记

标记

图5-84　大袖袖衩定位1　　　　　图5-85　大袖袖衩定位2

（4）将大袖袖衩和袖口折边熨烫的交点，分别与袖衩标记点和袖口标记点（图5-86）。

2. 缉缝

将定位点连接为两个线段，对齐两个线段，正面对正面缉缝。修剪缝份为0.5cm，将其劈缝熨烫，翻至正面后熨烫平整（图5-87）。

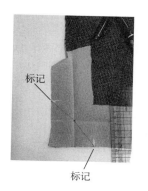

图5-86 大袖袖衩定位3

图5-87 大袖袖衩缉缝

（二）小袖袖衩缝合

小袖袖口折边熨烫，将袖口折边量翻至反面，正面对正面缉缝小袖袖衩，其缝份为1cm，翻至正面熨烫小袖袖口折边（图5-88）。

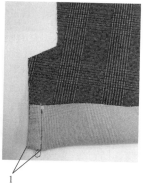

1

图5-88 小袖袖衩缉缝

二、袖缝缝合

（一）面料袖缝缝合

1. 缉缝

依据对位点，将大、小袖外袖缝用珠针别合并缉缝。其中，大、小袖袖衩位置的缉缝对位点位于袖口边缘线以下 1cm 位置（图 5-89）。

图5-89　面料袖缝缉缝1

2. 熨烫

大、小袖外袖缝劈缝熨烫，大、小袖袖口折边熨烫平整（袖衩倒向小袖熨烫）。大、小袖内袖缝依据对位点用珠针别合后缉缝，并劈缝熨烫（图 5-90）。

图5-90　面料袖缝缉缝2

（二）里料袖缝缝合

1. 外袖缝缉缝

将大、小袖里料外袖缝依据对位点用珠针别合后缉缝，距缉缝线 0.3cm 处将外袖缝折边熨烫（图 5-91）。

0.3

图5-91　里料袖缝缉缝1

将大、小袖里料外袖缝展平熨烫（图 5-92）。

图5-92　里料袖缝缉缝2

2. 内袖缝缉缝

将大、小袖里料内袖缝依据对位点用珠针别合后缉缝，距缉缝线 0.3cm 处折边熨烫。将内袖缝展平，并熨烫平整（图 5-93）。在左或右里料内袖缝居中位置约长 20cm 的距离不缉缝，用于里料绱袖。

图5-93　里料袖缝缉缝3

三、袖口缝合

1. 对位

（1）将面、里料的内袖缝对齐，袖口叠放在一起（图5-94）。

面、里料内袖缝

图5-94　袖口对位1

（2）用珠针将面、里料袖口的内袖缝位置对位别合，然后在袖口确定袖衩一端作为起点，另一端作为结点（图5-95）。

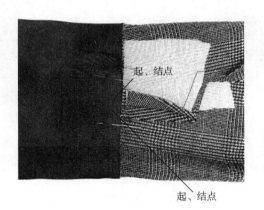

起、结点

起、结点

图5-95　袖口对位2

2. 固定

用三角针将缉缝后的面、里料袖口固定（图5-96）。

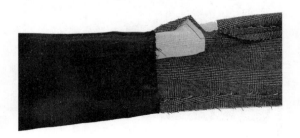

图5-96　袖口固定

四、袖固定

1. 内袖缝固定

（1）在距离袖口三角针 1cm 位置，将里料内袖缝折向面料袖缝，并在约 7cm 处定位（图 5-97）。

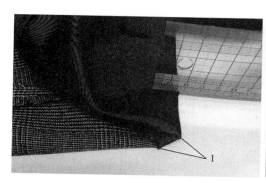

图5-97　内袖缝固定1

（2）固定面、里料内袖缝缝份，长度为 12~13cm（图 5-98）。

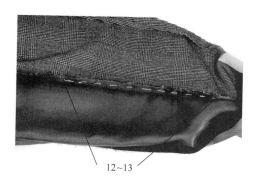

图5-98　内袖缝固定2

2. 外袖缝固定

面、里料外袖缝固定方法同内袖缝。固定有缺口位置的左或右内袖缝时，可以将里料内袖缝一边的缝份与面料内袖缝缝份固定即可。

3. 里、面料固定

将袖子翻至正面，确认内、外袖缝相符，以及袖口里料的眼皮量，并熨烫平整。用粗棉线在袖山下约 15cm 位置固定面、里料袖（图 5-99）。

图5-99　外袖缝固定

4. 袖山弧线绷缝

用粗棉线绷缝袖山弧线，即距离袖山边缘线 0.5~0.7cm 处绷缝，将绷缝线均匀拉紧，塑造袖山弧线的立体结构（图 5-100）。

图5-100　袖山弧线绷缝

五、绱袖

（一）面料绱袖

绱袖是指将袖山弧线和袖窿弧线缉缝在一起的过程。通过控制袖山弧线的吃量，可以塑造袖山饱满，且左、右对称的袖结构。

1. 对位

将袖山弧线和袖窿弧线各个对应的对位点用珠针别合，将袖山弧线的吃量均匀分配在对位点之间，并用珠针进一步别合（图 5-101）。绱袖时，袖窿弧线在上，沿其结构净线即子母嵌线中的子嵌条缉缝。

2. 评价

绱袖后穿着在人台上进行评价，检查和确认袖山是否饱满，左、右袖是否对称

（图 5-102）。

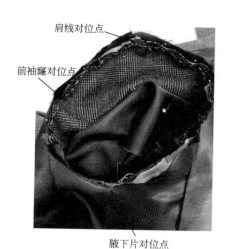

图5-101 面料绱袖对位   图5-102 面料绱袖评价

（二）绱垫肩

1. 塑型

在绱垫肩之前须塑造符合其袖窿结构的立体形态，用手适当抻拉垫肩较薄的两边，可塑造垫肩的立体形态（图 5-103）。

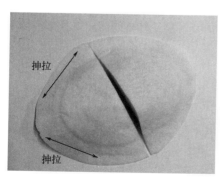

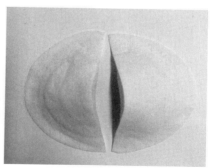

图5-103 垫肩塑型

2. 对位点定位

将垫肩对折后，在垫肩边缘处错开 1cm 定位并标记。其中，少 1cm 量的部分为前垫肩（图 5-104）。

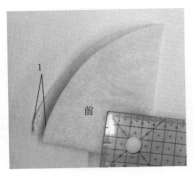
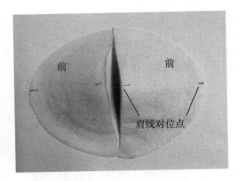

图5-104　垫肩对位点定位

3. 垫肩缝制

将垫肩对位点与衣身肩线对齐（图5-105）。

将垫肩边缘放置在略宽于袖窿边缘约0.2~0.3cm的位置，依据袖窿弧度，将垫肩与袖窿用珠针别合。用粗棉线分别在袖窿弧线以及肩线缝份上，绷缝固定垫肩（图5-106）。

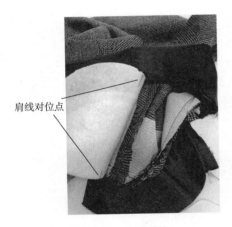
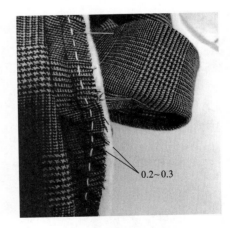

图5-105　垫肩对位　　　　　　　　　　　　图5-106　垫肩缝制

（三）里料绱袖

依据里料袖山弧线的各个对位点，与里料衣身袖窿弧线对位缉缝。

（四）绱袖评价

1. 人台试穿

将缝制完成的女西装穿着在人台上，通过前面、后面、侧面三个角度检查左、右袖是否对称，以及袖山结构是否饱满、均匀等（图 5-107）。

2. 真人试穿（实践者——王佳钰）

在教学过程中，老师应引导学生应用课程知识点自主实践女西装缝制工艺。以学生王佳钰的实践为例，她通过实践完成了款式 A 的制作，其缝制工艺达到了女西装工艺要求，如左、右袖对称、袖山饱满等（图 5-108）。

图5-107　绱袖评价　　　　　　　　图5-108　真人试穿（实践者——王佳钰）

第八节 ▶▶▶

如何锁扣眼

一、准备

（一）定位

1. 前襟扣眼

依据前襟扣直径 2cm，确定扣眼位置。在距离前襟止口 2cm 处定位扣眼起点，并绘制水平线。在水平线上自扣眼起点 2cm 宽位置，确定扣眼位置（图 5-109）。

2. 袖衩扣眼

依据袖扣直径 1.5cm，确定扣眼位置。距离袖口 3.5cm 位置为第一扣眼位。依次向上确定四个袖扣位置水平线，间距约为 1.5cm。袖扣扣眼起点距离袖衩止口线 1.2 ~ 1.5cm。在此水平线上，自袖扣扣眼起点 1.5cm 宽位置，确定袖衩扣眼位置（图 5-110）。

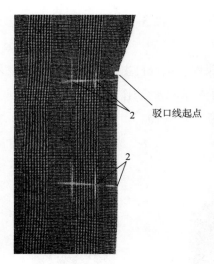  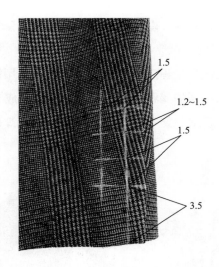

图5-109　扣眼定位1　　　　　　　　图5-110　扣眼定位2

（二）锁扣眼线

西装锁扣眼线多使用顺色的丝光线。锁扣眼时需要准备两种粗细不同的丝光线，细线为单股丝光线，粗线为加捻后的双股丝光线。将单股丝光线穿过手针针眼，向相反方向捻线，即为双股加捻线。

（三）扣眼绷缝

在距离扣眼约 1.5cm 处，用粗棉线绷缝固定扣眼，以确保扣眼上、下两层面料相符（图 5-111）。

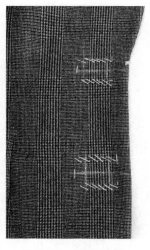

图5-111　扣眼绷缝

（四）打眼

1. 工具准备

打眼工具有多种孔距规格，选择匹配扣眼的打孔头，并安装在工具上（图5-112）。

图5-112 打孔工具

2. 打眼、剪扣眼

将打孔工具垂直放置在扣眼端点（近前襟止口、袖衩止口），使用锤等重物打孔即可。打孔后剪开扣眼线，并将圆孔修剪为水滴形状。

二、针法

1. 起针

起针埋线（双股加捻线）的起点和结点与扣眼水平线一致，距离扣眼端点约2cm。锁眼线（单股线）的起点垂直于扣眼水平线，距离扣眼横向端点约2cm。

在扣眼端点位置，将针由下向上穿出，即为起针（图5-113），埋线在上。

图5-113 起针

2. 步骤

（1）将针从锁眼线的圆环中穿出（图 5-114）。

（2）扣眼的线迹结构表现为针距均匀且立体的装饰效果。采用绕针针法完成锁扣眼结针（图 5-115）。

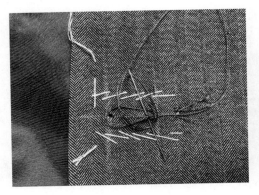 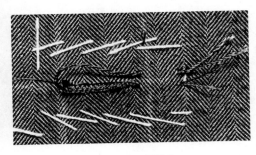

图5-114　针法1　　　　　　　　　　图5-115　针法2

三、成型

修剪掉埋线和起、结针的线头，并熨烫平整（图 5-116）。

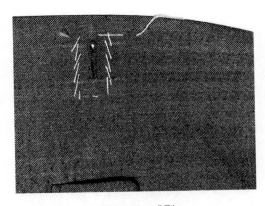

图5-116　成型

参考文献

［1］ Aldrich Winifred. Pattern Cutting for Women's Tailored Jackets：Classic and Contemporary ［M］. Blackwell Publishing Ltd.，2002.

［2］ Aldrich Winifred. Metric Pattern Cutting ［M］. 4th ed. Blackwell Publishing Ltd.，2004.

［3］ 牟琳，吕越. 时装·创意板型 ［M］. 中国纺织出版社，2017.

［4］ Mu L，Zhao Y X. Three-dimensional Prototypes and Evaluation of Their Structure and Form ［J］. Journal of Donghua University（Eng. Ed.），2019，2（36）：205-211.

［5］ 牟琳. 一种合体的女西装驳头结构：中国，CN218457339U ［P］. 2023-2-10.

致谢

本书第五章女西装缝制工艺的部分方法，如绱领方法等，借鉴赵欲晓老师所讲授的男西装工艺课程内容；虚拟试穿的内容由刘露承担，部分实践作品由李星星、葛微安、吴佳融、吴佳宇、王佳钰提供。同时，在撰写过程中得到李春奕女士的无私帮助，在此特别感谢。